·食品配方精选·

# 饺子加工技术与配方

于 新 王少杰 编著

中国纺织出版社

## 内 容 提 要

本书共分十章,系统介绍了饺子的起源及发展过程,饺子的原料,饺子的制作过程,饺子的营养保健功能,以及速冻饺子的生产工艺技术等;同时介绍了饺子食品的加工实例,详细阐述了 380 多种饺子的制作方法。

本书内容全面详实,条理清晰,阅读方便,易于理解,具有较好的实用性。本书是饺子食品加工企业、餐馆、学校食堂、个体加工作坊以及广大城乡居民家庭制作饺子时的必备参考书籍。

**图书在版编目（CIP）数据**

饺子加工技术与配方／于新,王少杰编著. — 北京：中国纺织出版社,2013.6（2024.10重印）

（食品配方精选）

ISBN 978 – 7 – 5064 – 9642 – 1

Ⅰ. ①饺… Ⅱ. ①于… ②王… Ⅲ. ①饺子—制作 ②饺子—配方 Ⅳ. ①TS972. 116

中国版本图书馆 CIP 数据核字（2013）第 057208 号

责任编辑:国帅 闫婷　　　　　责任印制:刘强

责任设计:品欣排版

中国纺织出版社出版发行

地址:北京朝阳区百子湾东里 A407 号楼　邮政编码:100124

销售电话:010— 67004422　传真:010— 87155801

http：//www. c-textilep. com

E-mail：faxing@ c-textilep. com

中国纺织出版社天猫旗舰店

官方微博 http://weibo. com/2119887771

三河市宏盛印务有限公司印刷　各地新华书店经销

2013 年 6 月第 1 版　2024 年 10 月第 13 次印刷

开本:880×1230　1/32　印张:7.5

字数:200 千字　定价:34.00 元

凡购本书,如有缺页、倒页、脱页,由本社图书营销中心调换饺子起源于南北朝时期,是我国的传统食品,在中国食物史上有非常重要的地位。饺子是深受我国人民喜爱的传统特色食品,是我国北方民间的主食和地方小吃,也是年节食品。每逢新春佳节,饺子更成为一种应时不可缺少的佳肴。有一句民谣叫"大寒小寒,吃饺子过年"。民间还有"好吃不过饺子"的俗语。

饺子多用面皮包馅水煮而成,多以面粉为原料,将面粉与冷水和在一起,揉成均匀的面团,之后滚揉成粗细合适的面棍,再用刀或手揪成一个个大小均匀的小面团(俗称面剂子),最后将这些小面团擀成中间略厚周边较薄的圆皮。面皮包裹已经调制好的馅料,捏成月牙形或角形,下锅煮至饺子浮上水面即可。饺皮也可用烫面、油酥面或米粉制作;馅心可荤可素、可甜可咸;加热熟制的方法也可用蒸、烙、煎、炸等。荤馅有三鲜、虾仁、蟹黄、海参、鱼肉、鸡肉、猪肉、牛肉、羊肉、鸡肉等,素馅又分为什锦素馅、普通素馅。饺子的特点是皮薄馅嫩,味道鲜美,形状独特,百食不厌。饺子的制作原料营养齐全,蒸煮法保证营养较少流失,并且符合中国色香味饮食文化的内涵。

随着食品科学技术的发展,人民生活水平的提高,饺子已经成为寻常百姓餐桌上不可或缺的食品。近年来我国的速冻水饺已经成为国内速冻食品市场的主要产品,我国的名优水饺畅销国外,在世界上享有很高声誉。

饺子在制作过程中不但保留了馅料中的大部分营养成分,并吸收了调味品、香辛料中的营养成分,含有较多的生理活性物质。如豆类蔬菜中含有大量的黄酮,蘑菇、大蒜和洋葱等含有的微量元素硒,都具有防病作用;此外,很多蔬菜中都含有大量的纤维素,具有预防便秘及肠道疾病的作用。

目前,饺子食品的大规模工业化生产在我国得到迅速发展,尤其是速冻饺子取得了突飞猛进的发展。虽然我国有各种各样的饺子,不同的地方有不同的特色饺子,然而,全面、系统地介绍饺子加工理论与技术的书籍并不多见。为了弘扬和传承我国饺子的传统文化,普及和提高饺子食品加工技术,编者广泛收集了大量的有关资料,撰写了《饺子加工技术与配方》一书,奉献给广大读者。

本书在介绍有关饺子制作的基础知识和基本技术的基础上,详细介绍了水饺、蒸饺、煎饺等380多种制品的原辅料配方、加工制作工艺流程和操作技术要点。内容详实,语言通俗易懂,实用性强。为了适应不同层次的消费者的需要和不同地区生活习惯的差异,在品种选择上尽量做到多样化,既有地方性名优饺子,又有大众化家常习俗饺子;既有传统的民间风味的饺子,又有符合现代时尚的高档饺子。在青菜种类的选择上,既有北方青菜,也有南方青菜;肉类种类选择上,既有大众的猪肉、牛肉和羊肉等,又有各种特色海鲜。因此,本书对于不论是饺子加工生产企业,还是饺子加工个体户和家庭自制饺子等不同层次的生产者和消费者,在提高和丰富人民膳食生活水平方面,均具有指导意义和实用参考价值。

本书由仲恺农业工程学院于新、王少杰编著,刘淑宇、马永全、杨鹏斌、黄雪莲、胡林子、蒋雨、刘文朵、刘丽、孙萍、张素梅、赵春苏、吴少辉、叶伟娟、赵美美、杨静、黄晓敏参编。在编写过程中参阅了一些专家学者的有关著作,在此我们谨向其作者表示诚挚的谢意。我们虽以饱满的热情和辛勤的劳动编写此书,但由于我们学识与写作水平有限,以及收集的资料可能不全等因素,难免有疏漏之处,在此恳请广大读者批评指正。

编著者

# ❀目录❀

第一章　绪论 ……………………………………………………… 1

　第一节　饺子的起源及发展概述 ………………………………… 1

　　一、饺子食品的起源 …………………………………………… 1

　　二、饺子食品的发展概述 ……………………………………… 3

　　三、饺子食品的特色及文化内涵 ……………………………… 5

　第二节　我国饺子生产现状、存在问题及发展趋势 …………… 8

　　一、我国饺子食品生产现状 …………………………………… 8

　　二、饺子食品现代生产中存在的问题及对策 ………………… 10

　　三、饺子产业的发展趋势 ……………………………………… 14

第二章　饺子的制作原料 ………………………………………… 16

　第一节　水 ……………………………………………………… 16

　第二节　面粉 …………………………………………………… 17

　第三节　畜禽肉类 ……………………………………………… 18

　第四节　海鲜 …………………………………………………… 20

　第五节　蔬菜 …………………………………………………… 21

　第六节　辅料 …………………………………………………… 22

第三章　饺子的制作 ……………………………………………… 24

　第一节　面团的制作 …………………………………………… 24

　第二节　馅料的制作 …………………………………………… 25

　第三节　饺子的捏制 …………………………………………… 26

　　一、基本形 ……………………………………………………… 27

　　二、波浪形 ……………………………………………………… 27

　　三、花边形 ……………………………………………………… 28

　　四、帽子形 ……………………………………………………… 28

第四节　饺子的熟制 …………………………………… 28
一、煮饺子 ……………………………………………… 29
二、蒸饺子 ……………………………………………… 29
三、煎饺子 ……………………………………………… 29
四、炸饺子 ……………………………………………… 30

**第四章　饺子的营养保健功能** ……………………… 31
第一节　饺子的营养作用 ……………………………… 31
第二节　饺子的保健功能 ……………………………… 32

**第五章　速冻饺子的生产工艺技术** ………………… 34
第一节　速冻饺子规模化生产的流程 ………………… 34
第二节　速冻饺子生产过程中应注意的事项 ………… 37
一、原料的预处理 ……………………………………… 37
二、辅料 ………………………………………………… 38
三、面团的制备 ………………………………………… 38
四、面皮的辊压成型 …………………………………… 39
五、饺子的成型 ………………………………………… 39
六、速冻 ………………………………………………… 39
第三节　影响速冻饺子品质的因素 …………………… 40
一、面粉品质的影响 …………………………………… 41
二、工艺的影响 ………………………………………… 42
三、添加剂的应用 ……………………………………… 43
四、馅的影响 …………………………………………… 44
五、其他因素的影响 …………………………………… 45
第四节　速冻饺子的生产设备 ………………………… 45
一、速冻饺子生产线 …………………………………… 45
二、设备及其使用 ……………………………………… 46

第六章　水饺加工实例 ································· 49

　第一节　猪肉馅水饺加工实例 ················· 49

　　一、猪肉白菜水饺 ························· 49

　　二、猪肉芹菜水饺 ························· 49

　　三、猪肉韭菜水饺 ························· 50

　　四、猪肉韭菜花水饺 ······················· 50

　　五、猪肉鲜藕水饺 ························· 51

　　六、猪肉西葫芦水饺 ······················· 51

　　七、猪肉扁豆水饺 ························· 52

　　八、猪肉豇豆水饺 ························· 52

　　九、猪肉绿豆芽水饺 ······················· 53

　　十、猪肉姜芽水饺 ························· 53

　　十一、猪肉土豆水饺 ······················· 54

　　十二、猪肉茴香水饺 ······················· 54

　　十三、猪肉冬瓜水饺 ······················· 55

　　十四、猪肉胡萝卜水饺 ····················· 55

　　十五、猪肉青椒水饺 ······················· 56

　　十六、猪肉黄瓜水饺 ······················· 56

　　十七、猪肉香菇水饺 ······················· 57

　　十八、猪肉玉米笋水饺 ····················· 57

　　十九、猪肉茭白水饺 ······················· 57

　　二十、猪肉茄子水饺 ······················· 58

　　二十一、猪肉香菜水饺 ····················· 58

　　二十二、猪肉瓜皮水饺 ····················· 59

　　二十三、猪肉酸菜水饺 ····················· 59

　　二十四、猪肉虾菇水饺 ····················· 60

　　二十五、猪肉榨菜水饺 ····················· 60

　　二十六、猪肉鲜鱼水饺 ····················· 61

　　二十七、猪肉海参水饺 ····················· 61

　　二十八、猪肉三菇水饺 ····················· 62

二十九、猪肉松仁水饺 …………………………… 62

三十、猪肉苋菜水饺 ……………………………… 62

三十一、猪肉老山芹水饺 ………………………… 63

三十二、猪肉刺五加水饺 ………………………… 63

三十三、猪肉刺嫩芽水饺 ………………………… 64

三十四、猪肉马齿苋水饺 ………………………… 64

三十五、猪肉白蘑水饺 …………………………… 65

三十六、猪肉山茄子水饺 ………………………… 66

三十七、猪肉仙人掌水饺 ………………………… 66

三十八、猪肉黄瓜香水饺 ………………………… 67

三十九、猪肉蕨菜水饺 …………………………… 67

四十、猪肉骨汤水饺 ……………………………… 68

四十一、猪肉酸辣水饺（1） ……………………… 68

四十二、猪肉酸辣水饺（2） ……………………… 69

四十三、猪肉菠饺鱼肚 …………………………… 69

四十四、猪肉红油水饺 …………………………… 70

四十五、猪肉"墨玉"水饺 ………………………… 70

四十六、咖喱猪肉水饺 …………………………… 71

四十七、火腿冬瓜水饺 …………………………… 71

四十八、成都钟水饺 ……………………………… 72

四十九、鸳鸯水饺 ………………………………… 72

五十、猪肉蟹味水饺 ……………………………… 73

五十一、猪肉回头水饺 …………………………… 73

五十二、京味水饺 ………………………………… 74

五十三、江毛水饺 ………………………………… 74

五十四、潮汕韭菜水饺 …………………………… 75

五十五、湘味水饺 ………………………………… 75

五十六、状元水饺 ………………………………… 76

五十七、淮扬水饺 ………………………………… 76

五十八、猪肉三鲜水饺（1） ……………………… 76

五十九、猪肉三鲜水饺（2）  …………………………… 77

六十、猪肉三鲜水饺（3）  ……………………………… 77

六十一、四鲜水饺  …………………………………… 78

六十二、五鲜水饺  …………………………………… 78

六十三、猪肉三彩水饺  ……………………………… 79

第二节　牛肉馅水饺加工实例  ……………………… 79

一、牛肉萝卜水饺  …………………………………… 79

二、牛肉大葱水饺  …………………………………… 80

三、牛肉番茄水饺  …………………………………… 80

四、牛肉鸡汤水饺  …………………………………… 81

五、牛肉洋葱水饺  …………………………………… 81

六、牛肉胡萝卜水饺  ………………………………… 81

七、牛肉雪菜水饺  …………………………………… 82

八、牛肉茴香水饺  …………………………………… 82

九、牛肉绿豆芽水饺  ………………………………… 83

十、牛肉三菇水饺  …………………………………… 83

十一、茄汁牛肉水饺  ………………………………… 84

十二、什锦粉汤水饺  ………………………………… 84

第三节　羊肉馅水饺加工实例  ……………………… 85

一、羊肉大葱水饺  …………………………………… 85

二、羊肉韭黄水饺  …………………………………… 85

三、羊肉胡萝卜水饺  ………………………………… 86

四、羊肉萝卜水饺  …………………………………… 86

五、羊肉白菜水饺  …………………………………… 87

六、一品羊肉水饺  …………………………………… 87

七、羊肉冬瓜水饺  …………………………………… 88

八、羊肉西葫芦水饺  ………………………………… 88

九、羊肉冬菇水饺  …………………………………… 89

十、羊肉番茄水饺  …………………………………… 89

十一、羊肉荸荠水饺  ………………………………… 89

十二、羊肉粉汤水饺 ………………………………………… 90

第四节　鸡肉馅水饺加工实例 ……………………………… 90

　一、鸡肉圆白菜水饺 ……………………………………… 90

　二、鸡肉茭白水饺 ………………………………………… 91

　三、鸡肉冬笋水饺 ………………………………………… 91

　四、鸡肉香菇水饺 ………………………………………… 92

　五、鸡肉香菜水饺 ………………………………………… 92

　六、鸡肉香椿水饺 ………………………………………… 93

　七、鸡肉高汤水饺 ………………………………………… 93

　八、鸡肉胡萝卜水饺 ……………………………………… 94

　九、鸡肉韭菜水饺 ………………………………………… 94

第五节　鱼肉馅水饺加工实例 ……………………………… 95

　一、鲑鱼水饺 ……………………………………………… 95

　二、鲤鱼韭菜水饺 ………………………………………… 95

　三、鲤鱼荠菜水饺 ………………………………………… 96

　四、鲤鱼豆腐水饺 ………………………………………… 96

　五、鲅鱼黄瓜水饺 ………………………………………… 96

　六、鱿鱼豆角水饺 ………………………………………… 97

　七、鲈鱼香菇水饺 ………………………………………… 97

　八、草鱼虾仁水饺 ………………………………………… 98

　九、银鱼胡萝卜水饺 ……………………………………… 98

　十、黄鱼雪菜水饺 ………………………………………… 99

　十一、墨鱼苦瓜水饺 ……………………………………… 99

　十二、鲅鱼茄子水饺 ……………………………………… 99

　十三、鳗鱼荸荠水饺 ……………………………………… 100

　十四、上汤鱼饺 …………………………………………… 100

第六节　虾馅水饺加工实例 ………………………………… 101

　一、鲜虾水饺 ……………………………………………… 101

　二、虾蛋韭菜水饺 ………………………………………… 101

　三、虾仁榨菜水饺 ………………………………………… 102

四、虾仁南瓜水饺 …………………………………… 102

五、虾仁瓜皮水饺 …………………………………… 102

六、虾仁翡翠水饺 …………………………………… 103

第七节　素馅水饺加工实例 ……………………………… 103

一、白菜素馅水饺 …………………………………… 103

二、菜花香菇水饺 …………………………………… 104

三、豆芽素水饺 ……………………………………… 104

四、素肠豆芽水饺 …………………………………… 105

五、小白菜素水饺 …………………………………… 105

六、豆腐香菇水饺 …………………………………… 106

七、豆腐荸荠水饺 …………………………………… 106

八、南瓜虾皮水饺 …………………………………… 107

九、西葫芦素水饺 …………………………………… 107

十、二冬韭黄水饺 …………………………………… 107

十一、鸡蛋黄瓜水饺 ………………………………… 108

十二、鸡蛋韭菜水饺 ………………………………… 108

十三、鸡蛋荠菜水饺 ………………………………… 109

十四、鸡蛋番茄水饺 ………………………………… 109

十五、鸡蛋菠菜水饺 ………………………………… 110

十六、鸡蛋胡萝卜水饺 ……………………………… 110

十七、翡翠玉米水饺 ………………………………… 111

第八节　其他馅水饺加工实例 …………………………… 111

一、驴肉水饺 ………………………………………… 111

二、韭菜鸽肉水饺 …………………………………… 112

三、兔肉豆豉水饺 …………………………………… 112

四、鸭肉香菇水饺 …………………………………… 112

五、鸭肉榨菜汤饺 …………………………………… 113

六、鹅肝粉水饺 ……………………………………… 113

七、蛋贝水饺 ………………………………………… 114

八、蟹味水饺 ………………………………………… 114

九、海蛎白菜水饺 ·································· 115

十、海蛎萝卜水饺 ·································· 115

十一、鲜蛤韭菜水饺 ································ 116


**第七章　蒸饺加工实例** ························ 117

　第一节　猪肉馅蒸饺加工实例 ···················· 117

　　一、猪肉白菜蒸饺 ···························· 117

　　二、猪肉卷心菜蒸饺 ·························· 117

　　三、猪肉大葱蒸饺 ···························· 118

　　四、猪肉酸菜蒸饺 ···························· 118

　　五、猪肉韭黄蒸饺 ···························· 119

　　六、猪肉韭菜蒸饺 ···························· 119

　　七、猪肉韭菜鸡蛋蒸饺 ························ 119

　　八、猪肉茄子蒸饺 ···························· 120

　　九、猪肉扁豆蒸饺 ···························· 120

　　十、猪肉菜花蒸饺 ···························· 121

　　十一、猪肉笋丁蒸饺 ·························· 121

　　十二、猪肉豆芽蒸饺 ·························· 121

　　十三、猪肉火腿蒸饺 ·························· 122

　　十四、宣威火腿蒸饺 ·························· 122

　　十五、猪肉雪菜蒸饺 ·························· 123

　　十六、猪肉干菜蒸饺 ·························· 123

　　十七、猪肉三丁蒸饺 ·························· 123

　　十八、猪肉芹菜蒸饺 ·························· 124

　　十九、猪肉冬瓜蒸饺 ·························· 124

　　二十、猪肉西葫芦蒸饺 ························ 125

　　二十一、猪肉葫芦蒸饺 ························ 125

　　二十二、猪肉芋泥南瓜蒸饺 ···················· 125

　　二十三、猪肉山药蒸饺 ························ 126

　　二十四、猪肉花边蒸饺 ························ 126

二十五、猪肉豆腐蒸饺……………………………………… 127

二十六、猪肉酱香蒸饺(1)………………………………… 127

二十七、猪肉酱香蒸饺(2)………………………………… 127

二十八、猪肉酱香蒸饺(3)………………………………… 128

二十九、猪肉茶味蒸饺……………………………………… 128

三十、猪肉南瓜蒸饺………………………………………… 129

三十一、猪肉玫瑰蒸饺……………………………………… 129

三十二、猪肉凉薯蒸饺……………………………………… 129

三十三、猪肉三鲜蒸饺……………………………………… 130

三十四、猪肉笋香蒸饺……………………………………… 130

三十五、猪肉荠菜蒸饺……………………………………… 131

三十六、猪肉三鲜蒸饺(1)………………………………… 131

三十七、猪肉三鲜蒸饺(2)………………………………… 131

三十八、猪肉一品蒸饺(1)………………………………… 132

三十九、猪肉一品蒸饺(2)………………………………… 132

四十、猪肉一品蒸饺(3)…………………………………… 133

四十一、猪肉水晶蒸饺(1)………………………………… 133

四十二、猪肉水晶蒸饺(2)………………………………… 133

四十三、猪肉"玉兔"饺(1)………………………………… 134

四十四、猪肉"玉兔"饺(2)………………………………… 134

四十五、猪肉"鸡冠"饺……………………………………… 135

四十六、猪肉"白菜"饺……………………………………… 135

四十七、猪肉"鸡笼"饺……………………………………… 135

四十八、猪肉"秋叶"饺……………………………………… 136

四十九、猪肉"蝴蝶"饺……………………………………… 136

五十、猪肉"鸳鸯"饺………………………………………… 137

五十一、猪肉"凤凰"饺……………………………………… 137

五十二、猪肉"金鱼"饺……………………………………… 137

五十三、猪肉"五星"饺……………………………………… 138

五十四、猪肉三角饺………………………………………… 138

五十五、猪肉"花篮"饺 ……………………………………… 139

五十六、猪肉"马蹄"饺 ……………………………………… 139

五十七、"金钩"蒸饺 ………………………………………… 139

五十八、金山蒸饺 …………………………………………… 140

五十九、双色蒸饺 …………………………………………… 140

六十、四喜蒸饺(1) ………………………………………… 141

六十一、四喜蒸饺(2) ……………………………………… 141

六十二、四喜蒸饺(3) ……………………………………… 141

六十三、猪肉五福蒸饺 ……………………………………… 142

六十四、猪肉灌汤蒸饺 ……………………………………… 142

六十五、猪肉澄粉蒸饺 ……………………………………… 143

六十六、徽州蒸饺 …………………………………………… 143

六十七、新安烫面蒸饺 ……………………………………… 143

六十八、淮扬蒸饺 …………………………………………… 144

六十九、花士林蒸饺 ………………………………………… 144

七十、天津蒸饺 ……………………………………………… 145

第二节　牛羊肉馅蒸饺加工实例 …………………………… 145

一、牛肉白菜蒸饺 …………………………………………… 145

二、牛肉洋葱蒸饺 …………………………………………… 145

三、牛肉萝卜蒸饺 …………………………………………… 146

四、牛肉芹菜蒸饺 …………………………………………… 146

五、牛肉瓠子蒸饺 …………………………………………… 147

六、羊肉白菜蒸饺 …………………………………………… 147

七、羊肉萝卜蒸饺 …………………………………………… 147

八、羊肉冬瓜蒸饺 …………………………………………… 148

九、羊肉酸菜蒸饺 …………………………………………… 148

十、羊肉西葫芦蒸饺 ………………………………………… 148

第三节　虾馅蒸饺加工实例 ………………………………… 149

一、虾仁小白菜蒸饺 ………………………………………… 149

二、鲜虾芹菜蒸饺 …………………………………………… 149

三、虾仁豆腐蒸饺 ………………………………………… 150

四、虾仁蒸饺(1) ………………………………………… 150

五、虾仁蒸饺(2) ………………………………………… 151

六、虾仁木樨蒸饺 ………………………………………… 151

七、芥末虾仁蒸饺 ………………………………………… 151

八、全虾蒸饺 ……………………………………………… 152

九、虾仁韭菜蒸饺 ………………………………………… 152

十、虾皮粉条蒸饺 ………………………………………… 153

十一、广东虾味蒸饺 ……………………………………… 153

十二、鲜虾"金鱼"饺 …………………………………… 153

十三、鲜虾"海星"饺 …………………………………… 154

十四、鲜虾"白兔"饺 …………………………………… 154

十五、鲜虾"凤眼"饺 …………………………………… 155

第四节 蟹馅蒸饺加工实例 ………………………………… 155

一、蟹味五喜饺 …………………………………………… 155

二、蟹黄灌汤蒸饺 ………………………………………… 155

三、蟹黄蒸饺 ……………………………………………… 156

四、蟹黄水晶蒸饺 ………………………………………… 156

五、蟹黄鲜肉蒸饺 ………………………………………… 157

六、苏州蟹黄蒸饺 ………………………………………… 157

第五节 素馅蒸饺加工实例 ………………………………… 158

一、一品素馅蒸饺 ………………………………………… 158

二、南瓜蒸饺 ……………………………………………… 158

三、茭白蒸饺 ……………………………………………… 159

四、素菜蒸饺(1) ………………………………………… 159

五、素菜蒸饺(2) ………………………………………… 159

六、江南百花饺 …………………………………………… 160

第六节 其他饺蒸饺加工实例 ……………………………… 160

一、驴肉萝卜蒸饺 ………………………………………… 160

二、驴肉韭菜蒸饺 ………………………………………… 161

三、火腿冬瓜蒸饺 …………………………………………… 161

四、四黄蒸饺 ………………………………………………… 161

五、干贝翡翠蒸饺 …………………………………………… 162

六、翡翠海皇蒸饺 …………………………………………… 162

七、百合蒸饺 ………………………………………………… 163

八、鸡肉花瓜蒸饺 …………………………………………… 163

九、鸡肉三鲜蒸饺 …………………………………………… 164

十、鸡肉香菇蒸饺 …………………………………………… 164

十一、鸭肉油菜蒸饺 ………………………………………… 164

**第八章 煎饺加工实例** ……………………………………… 166

一、猪肉白菜煎饺 …………………………………………… 166

二、猪肉发面煎饺 …………………………………………… 166

三、南味生煎饺 ……………………………………………… 167

四、猪肉咖喱煎饺 …………………………………………… 167

五、肉蛋煎饺 ………………………………………………… 168

六、鸡汁煎饺 ………………………………………………… 168

七、冰花煎饺 ………………………………………………… 168

八、猪肉白菜锅贴 …………………………………………… 169

九、猪肉韭菜锅贴 …………………………………………… 169

十、猪肉南瓜锅贴 …………………………………………… 170

十一、猪肉茄子锅贴 ………………………………………… 170

十二、什锦锅贴 ……………………………………………… 171

十三、三鲜锅贴（1） ……………………………………… 171

十四、三鲜锅贴（2） ……………………………………… 172

十五、三鲜锅贴（3） ……………………………………… 172

十六、鱼肉锅贴 ……………………………………………… 172

十七、牛肉韭菜煎饺 ………………………………………… 173

十八、牛肉西葫芦锅贴 ……………………………………… 173

十九、牛肉青椒锅贴 ………………………………………… 174

二十、京味锅贴（1）……………………………………… 174

二十一、京味锅贴（2）……………………………………… 175

二十二、羊肉大葱锅贴……………………………………… 175

二十三、羊肉冬瓜锅贴……………………………………… 175

二十四、三鲜咖喱饺………………………………………… 176

二十五、虾皮韭菜锅贴……………………………………… 176

二十六、虾仁豆腐锅贴……………………………………… 177

二十七、鸡蛋鲜虾煎饺……………………………………… 177

二十八、素味煎饺…………………………………………… 178

二十九、豆腐煎饺…………………………………………… 178

三十、素味锅贴……………………………………………… 179

**第九章　炸饺加工实例**………………………………… 180

一、猪肉炸饺………………………………………………… 180

二、火腿炸饺………………………………………………… 180

三、猪肉什锦炸饺（1）……………………………………… 181

四、猪肉什锦炸饺（2）……………………………………… 181

五、猪肉韭菜炸饺…………………………………………… 181

六、猪肉荸荠炸饺…………………………………………… 182

七、猪肉香芋炸饺…………………………………………… 183

八、猪肉三丝炸饺…………………………………………… 183

九、猪肉酸辣炸饺…………………………………………… 183

十、猪肉香菜炸饺…………………………………………… 184

十一、猪肉糯米炸饺………………………………………… 184

十二、猪肉米粉炸饺………………………………………… 185

十三、猪肉冬菜炸饺………………………………………… 185

十四、萝卜酥饺……………………………………………… 185

十五、猪肉鸳鸯炸饺………………………………………… 186

十六、猪肉橄榄炸饺………………………………………… 186

十七、猪肉蛋黄炸饺………………………………………… 187

十八、猪肉蛋饼炸饺 ……………………………………… 187

十九、猪肉豆腐腰饺 ……………………………………… 188

二十、猪肉咖喱饺 ………………………………………… 188

二十一、炸韭菜盒 ………………………………………… 189

二十二、炸三鲜盒 ………………………………………… 189

二十三、糯米芋头炸饺 …………………………………… 190

二十四、牛肉米粉炸饺 …………………………………… 190

二十五、烤牛肉饺 ………………………………………… 191

二十六、羊肉大葱炸饺 …………………………………… 191

二十七、鸡肉酥皮炸饺 …………………………………… 192

二十八、鸡肉咖喱炸饺 …………………………………… 192

二十九、鸡肉咖喱芝香炸饺 ……………………………… 193

三十、蜜汁鸡丁吐司炸饺 ………………………………… 193

三十一、酥皮鸭肉炸饺 …………………………………… 194

三十二、脆皮烤鸭炸饺 …………………………………… 194

三十三、樟茶鸭粒烤饺 …………………………………… 195

三十四、狗肉炸饺 ………………………………………… 195

三十五、鲜鱼炸饺 ………………………………………… 196

三十六、辣味鱼肉炸饺 …………………………………… 196

三十七、八宝鱼炸饺 ……………………………………… 196

三十八、什锦海鲜炸饺 …………………………………… 197

三十九、虾粒玉米炸饺 …………………………………… 197

四十、鲜虾酥皮炸饺 ……………………………………… 198

四十一、海鲜色拉炸饺 …………………………………… 198

四十二、虾仁豆芽酥皮炸饺 ……………………………… 199

四十三、素馅炸饺 ………………………………………… 199

四十四、椰味毛豆炸饺 …………………………………… 200

四十五、芋头炸饺 ………………………………………… 200

四十六、白糖炸饺 ………………………………………… 200

四十七、烫面豆沙炸饺 …………………………………… 201

四十八、糯米豆沙炸饺 …………………………………… 201

四十九、芋面豆沙炸饺 …………………………………… 201

五十、果脯炸饺 …………………………………………… 202

五十一、薄荷炸饺 ………………………………………… 202

五十二、枣泥"白兔"炸饺 ……………………………… 202

五十三、藿香炸饺 ………………………………………… 203

五十四、三色酥饺 ………………………………………… 203

五十五、鸳鸯炸饺 ………………………………………… 203

五十六、干酪炸饺 ………………………………………… 204

**第十章　其他饺子加工实例** ………………………… 205

一、韩国饺子(1) ………………………………………… 205

二、韩国饺子(2) ………………………………………… 205

三、意大利饺子(1) ……………………………………… 206

四、意大利饺子(2) ……………………………………… 206

五、法式清汤咖喱饺 ……………………………………… 207

六、大饭饺子烧 …………………………………………… 207

七、日式芝士饺 …………………………………………… 208

八、墨西哥酥皮饺 ………………………………………… 208

九、墨西哥水饺片 ………………………………………… 208

十、红饺子(1) …………………………………………… 209

十一、红饺子(2) ………………………………………… 209

十二、黄饺子 ……………………………………………… 210

十三、黑饺子 ……………………………………………… 210

十四、绿饺子 ……………………………………………… 211

十五、玉米面虾皮韭菜饺 ………………………………… 211

十六、荷兰豆炒鱼皮饺 …………………………………… 211

十七、豆沙煎饺 …………………………………………… 212

十八、金银饺 ……………………………………………… 212

十九、年糕饺 ……………………………………………… 213

二十、蛋饼煎饺 ………………………………………… 213

二十一、蛋饼炸饺 ……………………………………… 213

二十二、蛋饼蒸饺 ……………………………………… 214

二十三、荷包饺 ………………………………………… 214

二十四、熘鸽蛋饺 ……………………………………… 215

二十五、面筋饺 ………………………………………… 215

二十六、豆腐饺(1) …………………………………… 215

二十七、豆腐饺(2) …………………………………… 216

二十八、土豆饺 ………………………………………… 216

二十九、薯面萝卜饺 …………………………………… 217

三十、炸白菜盒 ………………………………………… 217

三十一、烤奶酪水饺皮 ………………………………… 218

三十二、鲜虾饺 ………………………………………… 218

三十三、水果五仁烤饺 ………………………………… 218

**参考文献** ……………………………………………… 220

# 第一章　绪论

## 第一节　饺子的起源及发展概述

### 一、饺子食品的起源

饺子是深受我国人民喜爱的传统特色食品，又称水饺，是我国北方民间的主食和地方小吃，也是年节食品，有一句民谣叫"大寒小寒，吃饺子过年"。饺子多用面皮包馅水煮而成。以冷水和面粉为剂，将面和水和在一起，搓成一个个的粗面团，之后再用刀将面团切成一块块圆的小面团，最后将这些小面团擀成中间略厚边缘较薄的圆皮，包裹馅心，捏成月牙形或角形，包成后下锅煮至饺子浮上水面即可。饺皮也可用烫面、油酥面或米粉制作；馅心可荤可素、可甜可咸；成熟方法也可用蒸、烙、煎、炸等。荤馅有三鲜、虾仁、蟹黄、海参、鱼肉、鸡肉、猪肉、牛肉、羊肉、鸡肉等，素馅又分为什锦素馅、普通素馅。饺子的特点是皮薄馅嫩，味道鲜美，形状独特，百食不厌。饺子的制作原料营养齐全，蒸煮法保证营养较少流失，并且符合中国色香味饮食文化的内涵。饺子是一种历史悠久的民间吃食，深受老百姓的欢迎，民间有"好吃不过饺子"的俗语，每逢新春佳节，饺子更成为一种应时不可缺少的佳肴。

饺子一般要在年三十晚上 12 点以前包好，待到半夜子时吃，这时正是农历正月初一的伊始，吃饺子取"更岁交子"之意，"子"为"子时"，交与"饺"谐音，有"喜庆团圆"和"吉祥如意"的意思。过年吃饺子有很多传说，一是为了纪念盘古开天辟地，结束了混沌状态，二是取其与"浑囤"的谐音，意为"粮食满囤"。另外，民间还流传吃饺子的民俗与女娲造人有关。女娲捏土造人时，由于天寒地冻，黄土人的耳朵很容易冻掉，为了使耳朵能固定不掉，女娲在人的耳朵上扎一个小眼，用细线把耳朵拴住，线的另一端放在黄土人的嘴里咬着，这样才把耳朵固定好。老百姓为了纪念女娲的功绩，就包起饺子来，用面捏成人耳朵的形状，内包有馅（线），用嘴咬着吃。

饺子源于我国，最早记载的书籍是儒家经典之一的《礼记》。该书是专门研究秦汉以前多种礼仪的论著，关于饺子的制作其中载道，"稻米二、肉一，合以为饵，煎之"。但饺子究竟源自何朝何代谁人之手，众说纷云，莫衷一是，既缺乏较为准确详实的史料记载，也缺少言之有理的科学阐释，常见的有以下两种说法。

其一是"张仲景说"，据说饺子源自"医圣"张仲景"冬至舍药"。东汉时期，南阳郡涅阳县（今河南省邓州市镇平镇）的张仲景，潜心钻研古代医书，广收有医方，著成《伤寒杂病论》，被历代医者奉为经典，对中国医学发展影响很大。他终生以"进则救世、退则救民、不能为良相、亦当为良医"为铭，济世救人，情系百姓。

相传张仲景任长沙太守时，常为百姓除疾医病。有一年当地瘟疫盛行，他在衙门口垒起大锅，舍药救人，深得长沙人民的爱戴。张仲景从长沙告老还乡后，正好赶上冬至这一天，走到家乡白河岸边，见很多穷苦百姓忍饥受寒，耳朵都冻烂了。原来当时伤寒流行，病死的人很多。他心里非常难受，决心救治他们。张仲景回到家，求医的人特别多，他忙的不可开交，但心里总记挂着那些冻烂耳朵的穷百姓。他仿照在长沙的办法，叫弟子在南阳东关的一块空地上搭起医棚，架起大锅，在冬至那天开张，向穷人舍药治伤。

张仲景的药名叫"祛寒娇耳汤"，是总结汉代300多年临床实践而成的，其做法是用羊肉、辣椒和一些祛寒药材在锅里煮熬，煮好后再把这些东西捞出来切碎，用面皮包成耳朵状的"娇耳"，下锅煮熟后，分给乞药的病人，每人两只娇耳、一碗汤。人们吃下祛寒汤后浑身发热，血液通畅，两耳变暖，老百姓从冬至吃到除夕，抵御了伤寒，治好了冻耳。

　　张仲景舍药一直持续到大年三十。大年初一，人们庆祝新年，也庆祝烂耳康复，就仿娇耳的样子做过年的食物，并在初一早上吃。人们称这种食物为"饺耳"、"饺子"或"扁食"，在冬至和年初一吃，以纪念张仲景开棚舍药治愈病人。

　　张仲景施舍"祛寒娇耳汤"的故事在民间一直广为流传。每逢冬至和大年初一，人们吃着饺子，心里仍记挂着张仲景的恩情。今天，我们用不着用娇耳来治冻烂的耳朵了，但饺子却已成了人们最常见、最爱吃的食品。

　　另一说法是"李世民说"。相传唐太宗李世民喜食丸子又怕油腻，令厨师在肉中加菜。结果炸、氽均不能成型，厨师灵机一动，用面皮包住水煮。唐太宗吃时问此为何物，厨师答曰："用面皮包的丸子，这样做牢固，叫'牢丸'。不料唐太宗大喜，连称"这好！这好！"打那起"牢丸"成为重大节庆的标志性食品。1972年，考古学家在新疆吐鲁番阿斯塔那的唐墓里，发现了随葬的一只木碗里有十几枚"形如偃月"的食品，经专家鉴定确认为唐朝的"牢丸"，酷似今天的饺子。可见早在1300多年前的唐朝饺子已传到我国西部的少数民族地区。

## 二、饺子食品的发展概述

　　饺子的历史沿革经历了漫长的渐进过程。至三国时期，魏张揖所著的《广雅》一书中，就提到过这种食品，称其形如月牙，和现在的饺子形状基本类似。那时的饺子煮熟以后，不是捞出来单独吃的，而是和汤一起盛在碗里混着吃，所以当时的人们把饺子叫做"混沌"，这种吃法在我国的一些地区仍然流行，如河南、陕西等地的人吃饺子，要在汤里放些香菜、葱花、虾皮、韭菜等小料。据考证，饺子是由南北朝至唐朝时期的"偃月形馄饨"和南宋时的"燥肉双下角子"发展而来的，距今已有1400多年的历史了。

　　大约到了唐代，饺子已经变得和现在的饺子一模一样，而且是捞出来放在盘子里单独吃。唐宰相段文昌编的《食经》中也曾有"混沌、扁食（饺子）"的记载。1972年在新疆吐鲁番阿斯塔那发现的唐代墓葬饺子,是到目前为止发现的最早的饺子实物。该展品尽管已经严重钙化,整体颜色发黑,坚硬如石,但外形相当完整,能看的清其上的花边,非常漂亮。宋代称饺子为"角儿",为"饺子"一词的词源。这种写法,在其后的元、明、清及民国间仍可见到。元朝称饺子为"扁食"。明朝万历年间沈榜在其著作《宛署杂记》中记载道:"元旦拜年,作匾食"。刘若愚的《酌中志》中载道:"初一日正旦节,吃水果点心,即匾食也。"元明朝"匾食"的"匾",如今已通作"扁"。"扁食"一词,可能出自蒙古语。明末张自烈作了很好说明:"水饺耳,即段成式食品,汤中牢丸,或谓粉角,北方人读角为娇,因呼饺饵,伪为饺儿。"颜之推在其文集中说:"今之馄饨,形如偃月,天下通食也。"

清朝有关史料记载说:"元旦子时,盛馔同离,如食扁食,名角子,取其更岁交子之义。"又说:"每年初一,无论贫富贵贱,皆以白面做饺食之,谓之煮饽饽,举国皆然,无不同也。富贵之家,暗以金银小锞藏之饽饽中,以卜顺利,家人食得者,则终岁大吉。"这说明新春佳节人们吃饺子,寓意吉利,以示辞旧迎新。当时出现了诸如"饺儿"、"水点心"、"煮饽饽"等有关饺子的新的称谓。饺子名称的增多,说明其流传的地域在不断扩大。民间春节吃饺子的习俗在明清时已相当盛行。近人徐珂在其编著的《清稗类钞》中说:"中有馅,或谓之粉角,而蒸食煎食皆可,以水煮之而有汤叫做水饺。"千百年来,饺子作为贺岁食品,受到人们喜爱,相沿成习,流传至今。

据不少资料记载,从"牢丸"到"娇耳",最后叫成"饺子",是读音读错的缘故,说来也有数百年历史。食饺最盛在清朝,那时饺子馆随处可见。清道光九年河北任丘人边福于创建了一家饺子馆名重一时,以后子承父业,三个孙子再继祖业。其中三孙边林,足踏江南塞北,到处搜集资料,融汇我国菜肴烹调原理和传统技巧,创立了名扬中外的独家风味饺子——"老边饺子"。1929年他又在哈尔滨创立"老都一处"饺子馆,以海参、干贝、虾仁等海味为主要原料的三鲜水饺,倍受中外顾客欢迎。更为有趣的是光绪年间,天津三岔河口"白记饺子馆"做的"铃铛饺",鲜美可口,肉馅抱团,味道、工艺令人叫绝。

现在,北方和南方对饺子的称谓也不尽相同。北方人叫"饺子",

南方不少地区却称之为"馄饨"。饺子因其用馅不同,名称也五花八门,有猪肉水饺,羊肉水饺,牛肉水饺,三鲜水饺,红油水饺,高汤水饺,花素水饺,鱼肉水饺,水晶水饺、菜肉饺子等。此外,因其成熟方法不同,还有煎饺,蒸饺等,因此,大年初一吃饺子在精神和口味上都是一种很好的享受。

## 三、饺子食品的特色及文化内涵

饺子是我国的特色食品,其历史悠久,是最具有中式传统特色的面制品。饺子的种类丰富,花色品种多,有各种颜色的饺子,红色饺子、绿色饺子等,样式各异,有半月形、鱼形、圆形等,大小各异,最小的饺子小如一分钱硬币,饺子皮薄如纸,最大的饺子重达 10 公斤,一群人分着吃才能吃完。此外中国各地饺子的名品甚多,如广东用澄粉做的虾饺、上海的锅贴饺、扬州的蟹黄蒸饺、山东的高汤小饺、东北的老边饺子、四川的钟水饺等,都是受人欢迎的品种。西安还创制出饺子宴,用数十种形状、馅料各异的饺子组成宴席待客。

中国的饺子文化博大精深,源远流长,特别是一些节日节气吃什么更有许多寓意和讲究。民谚有"冬至不端饺子碗、冻掉耳朵没人管","初一饺子初二面,初三合子围锅转"之说。合子也是一种饺子,平时是烙熟,而正月初三是煮熟。正月初五叫"破五",在这天吃饺子有捏破之意。实际上中国人最讲究、最为看重的是大年除夕这顿饺子(也叫"年饭"),这是祖祖辈辈传承下来的文化基因。全家人其乐融融在一起吃年夜饺子,以示来年财源茂盛、平安吉祥、幸福康健、人丁兴旺。

饺子成为中国人的节日食品并不是偶然的,而是因为其本身就有着吉祥的寓意,符合春节的节日气氛。最常见的饺子形如元宝,过年食用有财源广进之意,符合人们的祈富心理。一家人围在一起包饺子、吃饺子,也有一种祥和、喜庆的过年气氛,而且还可以增添浓浓的亲情。品尝饺子并不仅仅是在品尝饺子本身的味道,更多的是在品尝亲情,享受团圆;所以说,饺子不止是一种食品,还有着更丰富的内涵。

春节吃饺子并不是近代才有的新规定，而是从古代承袭下来的。要说饺子成为中国人春节的当家食品的习俗定型于汉代，经过战国和秦朝末代社会大动荡，西汉初期推行"休养生息"政策，社会生产得到恢复和发展，社会秩序稳定，新年日期确立，正月初一吃饺子习俗形成。从汉到南北朝，过年习俗愈演愈烈。明朝的《明宫史·史集》记载除夕吃饺子情景，"五更起……饮椒柏酒，吃水点心，即扁食也。或暗包银钱一二于内，得之者以卜一岁之吉。"这里的扁食即是指饺子，直到现在，有些人家在过年包饺子的时候也仍然会包进去一两枚洗干净的硬币，谁吃到了就预示在新的一年里会财运亨通。此外，也有人在饺子里面包入花生、红枣、糖块等，预示长寿、红火和甜蜜。

"纵有珍肴万席，不如饺子一垫。""共观新故岁，迎送一宵中"。这顿"一夜连双岁、五更分两年"的除夕饺子，可达到"更岁交子"的喜庆，即子时更新之意。由于饺子有着丰富的文化内涵，因此在春节吃饺子的时候，也有许多讲究：一是包必人多，能干活的人都出力，寓意家庭人气旺；二是烧必秸秆，不用风箱吹，只能用芝麻秆、棉花秆等秸秆烧，意为生活节节高；三是吃必守规，依辈分次序吃，辈分高的先吃，吃时吃偶数不能吃奇数，奇数不吉利，吃前先放炮，意为除邪驱恶，吃时尽量缩短时间，杜绝差错，饺子盛在大盘里，家人相拥而就，吃时不蘸汁，小孩不上桌，寓意稳妥、平安、吉祥。饺子有馅，馅心种类千变万化，各式各样。一家人围案包饺子，把面皮放在掌心，圆圆的皮上放上馅，表达一种祝福。全家老幼围着热气腾腾的饺子，品味着母亲的辛苦，共同体验时光流逝。温暖、祥和的气氛烘托着过年的气氛，吃下去的不仅仅是美味，更重要的是享受亲情。"没有饺子不过年，不吃饺子过不去年。"俗语说的有些偏颇，但从一个侧面反映出人们的渴望与向往。小小饺子，包着乾坤，包着人们对来年幸福、平安、吉祥的渴望。

我国地域辽阔，各地除夕吃饺子的习俗也不同。清初河北的《肃宁县志》中记载道："元旦子时盛馔同享，各食扁食，名角子，取更岁交子之义。"苏杭一带,除夕夜吃蛋饺和胖头鱼,但鱼只吃中间留头尾,蕴含金银元宝和有头有尾,寓意一年到头家事盛旺。云南昆明地区除夕年夜饭吃大豆制成的饵块,可炒、烤、煮成甜咸味,祈祝新的一年五谷丰登。黑龙江、吉林、辽宁除夕吃酸菜大肉饺,意"酸宝"(拴宝)。河南一带把饺子与粉皮共煮,叫"粉皮饺子",意"玉带缠宝"。陕西一带则将饺子和面条掺合煮,叫做"金丝穿元宝"。山东,除夕夜全家坐在一起包饺子,年夜饭必须吃素饺子,意求新年素素净净、平平安安。南方年夜饭多食汤圆、炸年糕,意为团团圆圆年年高。少数民族年除夕食品各具特色。蒙古族人称春节为"白节"、正月为"白月",除夕夜煮水饺、烤羊腿,围火炉而食,向长辈敬献"辞岁酒"。满族人年夜饭丰盛而隆重,吃饺子、豆包,菜有血肠、酸菜氽白肉以及象征吉庆的鱼荤菜等。湘西苗族年夜饭是甜酒和粽子,寓意生活甜蜜、五谷丰登。云南拉祜族除夕必做糯米粑粑,其中一对特别大,据说象征太阳和月亮,若干小的象征天空繁星,用以祈祝新的一年风调雨顺,果实累累。这些习俗尽管不同,但年夜饭吃饺子是共通的,美好的寓意是共通共同的,都是为了新年添个好彩头。

"好吃不过饺子"。饺子好吃,食者越来越多。我国不少地方把饺子生产作为产业经营,发展饺子经济,扩大出口创汇,使速冻饺子大量远销日本、新加坡、马来西亚等国。饺子发展也从平盘发展到饺子宴。这个以往年节才有的食品,如今已经成为品种繁多、四季有市的大众商品,大肚馅足的木鱼饺,花边月牙饺,鸳鸯饺,四喜饺,蝴蝶饺,金银饺,贵妇饺,珍珠饺等。饺子也有一些别名,北方有称"扁食"、"扁合",老北京叫"饽饽",广东人叫"云吞",四川人叫"抄手"。叫法不同,但说饺子大家都知道。饺子,不但中国人厚爱,外国宾客也常赞叹:中国饺子,好吃!我们要让中国饺子走向世界,让世界了解中国饺子,进而了解中国。

吃中国饺子,尝天下美味。

# 第二节　我国饺子生产现状、存在问题及发展趋势

## 一、我国饺子食品生产现状

我国饺子食品的生产主要有两个方面,一个是家庭自足式包制,另一个是规模化生产,用于市场销售。由于人们生活水平的提高,家庭自足食用的饺子种类各种各样,创新的样式层出不穷,不断丰富着人们的日常饮食,也丰富着我国的饮食文化。

目前,我国饺子产业的规模化生产主要有广泛存在的饺子加工个体专业户的小规模生产和工厂化大规模生产两方面。个体专业户加工生产饺子主要存在于人们日常生活中的菜市场、集市等地方,主要是为满足人们吃鲜饺子的想法而存在的,其规模小,常常是1~2个人,一面捏制一面销售,人们在此处购买饺子,一是方便快捷,二是图个新鲜。

现在我国的河南、河北、山东、辽宁等地有许多现代化的速冻饺子加工企业,涌现出的"思念"、"三全"、"湾仔码头"、"甲天下"等一批知名的速冻食品品牌,在国内速冻饺子市场占有很大份额。他们中有的速冻产品还远销日本、韩国等国。

虽然速冻饺子产量较大,在生产的品种方面,速冻水饺相对全国各种各样的饺子品种而言,是少之又少,并且生产的品种大多是根据传统的饺子品种直接引入工厂大规模生产,而没有或者很少对传统的品种、风味、工艺技术等做出创新改进,这就导致了速冻水饺行业缺乏产品创新能力。多样的饺子与地域有很大的关系,不同的地域有各自地域喜好的饺子种类,如北方偏好以猪肉做肉馅饺子,猪肉大葱水饺、猪肉白菜水饺、猪肉芹菜水饺、猪肉茄子水饺、猪肉香菇水饺等等都是北方人偏好的饺子品种,而南方则偏好以海鲜做肉馅饺子,如鲑鱼水饺、鲤鱼韭菜水饺、鲮鱼黄瓜水饺、墨鱼苦瓜水饺、虾仁翡翠水饺、蟹味水饺、广东虾味蒸饺、虾仁蒸饺、蟹黄水晶蒸饺等。中国各地饺子的名品也甚多,如广东用澄粉做的虾饺、上海的锅贴饺、扬州

的蟹黄蒸饺、山东的高汤小饺、东北的老边饺子、四川的钟水饺等,据不完全统计,现在我国饺子的种类有近万种。

速冻水饺的工业化生产中,不仅生产品种少,而且生产的自动化程度很低,依然属于劳动力密集型企业,在生产工厂中某些生产操作依然以手工劳动为主,比如捏制水饺这一步。这样的工业化生产不仅耗费了大量的劳动力,而且还存在着质量安全的问题,与机械化生产的产品依然存在着很大的差距。由于机械化程度不高,所以在一定程度上影响了速冻水饺生产行业产品的标准化及生产过程的标准化,影响产品的质量安全。不仅速冻水饺产品生产过程的标准化不足,而且,生产速冻水饺的原材料的标准化也不足,这就导致了速冻水饺生产的源头的质量安全不能得到切实的保障,卫生管理有待加强。

改革开放后,我国经济取得了突飞猛进的发展,速冻饺子大规模生产企业如雨后春笋般在全国各地迅速出现,为我国的经济发展做出了贡献,并且随着我国国际地位的不断提高,对外贸易的不断发展,饺子也进入国际市场,中国饺子也赢得了世界的认可和赞许,然而在速冻水饺生产制作产业高速发展的同时也出现了一些负面的事件,严重影响了我国速冻饺子产业的发展。2008年初,日本兵库县高砂市一家3口食用中国天洋食品厂出口到日本的饺子后出现食物中毒症状,虽然最后经过中日双方认真调查,确定是人为投毒引起的食物中毒,而非速冻饺子的质量问题引起的,但是这次"饺子中毒事件"对我国速冻水饺产业乃至我国的食品安全所产生的影响是极其恶劣的,为中国饺子在世界上的声誉留下了负面影响。

为使速冻水饺生产行业健康、稳定、有序的发展,让消费者放心消费速冻水饺,更为了避免我国食品生产制造业出现食品安全问题,我国政府相关部门近几年颁布了一系列政策、法规从及行业准则等,为速冻水饺行业的发展提供了保障和依据。2007年3月28日,中华人民共和国商务部颁布了速冻饺子国内贸易行业标准SB/T 10422—2007,于2007年9月1日开始实施。2009年5月18日,国家质量监督检验检疫总局和国家标准化管理委员会共同颁布了速冻饺子的国家标准 GB/T 23786—2009,自 2009 年 12 月 1 日开始实施。这标志着我国速冻饺子的生产至此之后就有了国家标准可依。该国标规定了速冻饺子的指标要求、检验方法、检验规则、判定规则、生产加工过程的卫生要求、标签、标识、包装、贮存及运输要求以及销售和召回方法等,适合于各种速冻饺子,为饺子的检验提供了依据。

## 二、饺子食品现代生产中存在的问题及对策

随着人民生活水平的提高和饮食结构的变化,人们对食品的需求也有了明显的改变,速冻水饺由于其卫生方便保持了原有营养且价格合理,愈来愈受到消费者的欢迎。但是,由于一些生产企业缺乏相应的技术以及对食品添加剂的片面认识与误解,致使生产出的产品质量没有保障,产品缺乏市场竞争力,同时也在一定程度上制约了企业的进一步发展。市场上饺子普遍存在的质量问题是含水量过多或过少,水分分布不均,贮存温度、时间长度不合适,防腐剂超过规定标准,微生物超标,原材料质量不达标等问题,如 2011 年 11 月初广州市工商局公布了第三季度的食品质量报告,检测结果显示,两个著名品牌"三全"以及"海霸王"的 3 款速冻食品都被验出含有致病菌金黄色葡萄球菌。这一报告一经发布,立即引起了社会公众的广泛关注。一时之间消费者都不敢再吃速冻水饺了,致使速冻水饺的销量大幅萎缩,给"三全"和"海霸王"两家企业造成了巨大的损失,也给速冻水饺行业的发展造成了巨大的阻力。现就速冻水饺的以上问题及对策简要做以下介绍。

### 1. 速冻水饺生产的理论基础

速冻水饺,一般要求在 -30℃ 以下,将已加工好的水饺在 15 ~ 30min 之内快速冻结起来,特别是通过最大冰晶区( -5℃ ~ 0℃)时,速度要快,产品以小包装的形式在 -18℃ 的条件下贮藏和流通。在此条件下,水饺所含的大部分水分随着热量的散失而形成冰晶体,减少了生命活动和生化反应所需的液态水分,抑制了微生物的活动,延缓了食品的品质变化,从而有效地保持了水饺原有的营养

和风味。

**2.速冻水饺生产中常见问题分析**

速冻水饺生产中主要有以下常见问题：

（1）在水饺生产过程中，若加水量大，则面皮粘机现象较严重，水饺制作时破损率较高。为了改善这种情况，常需加入大量面扑，但又因此影响了产品的外观与色泽；若加水量少，则会由于面筋吸水不足，不能形成完善的面筋网络而导致面皮粗糙，并且在速冻过程中表皮因干燥而破裂。

（2）在速冻过程中，由于面皮中的水分分布不均匀，以及面皮持水性不好而导致面皮的局部生成大的冰结晶而胀裂水饺皮，同时，水饺皮表面水分升华，引起水饺表皮干燥开裂；水饺馅含水量较多，在冻结过程中水分结冰体积膨胀也会使水饺皮破裂。

以上两个问题较大地提高了速冻水饺的冻裂率。

（3）由于我国国情的局限，大部分速冻水饺生产企业所使用的面粉，其形成时间、稳定时间较短，弱化度较高，和面时受到较强的机械搅拌而使已形成的面筋网络受到破坏，致使生产出的水饺筋力、口感差。

（4）在储存过程中，由于储存温度经常波动，整个食品体系存在着以下变化过程：微细的冰结晶会逐渐减少至消失，而大的冰结晶会逐渐生长，表皮冰结晶的升华会直接导致表皮干燥，从而严重影响产品的外观及内在品质。

（5）其余诸如色泽、口味等也对产品的质量有着较大的影响。

**3.解决以上问题的理论基础及改良的一般途径**

（1）食品的冻结过程

食品在冻结过程中的热量动力学变化，对其物理及化学性质的改变有很大的影响：水由液态向固态转变的过程中，会产生所谓的晶核形成作用。在食品实际的冻结过程中，食品中的颗粒可以充当晶核，一旦晶核形成，冰结晶会以一定的速率成长，而形成的冰结晶的大小，可由晶核形成的数目加以调整，用能量转移的速率来加以控制（晶核数目越多，能量转移越快，所形成的冰结晶越小）。

（2）冻结速率与冰结晶大小的关系

晶核形成与冰结晶成长间的相互作用会影响冰结晶大小，也会影响冷冻食品的品质：一般在快速冻结过程中，起始冰结晶的生长速率低于热量的转移速率，以致产生过冷却现象而增加晶核形成速率，从而降低冰结晶体积；而在缓慢冷冻过程中，冰结晶生长速率与热量转移速率一致，形成的晶核数目较少，冰结晶较大。

（3）冷冻食品体系中的玻璃化转变

定型聚合物在较低的温度下，分子热运动能量很低，只有较小的运动单元，如侧基、支链和链节能够运动，而分子链和链段均处于被冻结状态，此时聚合物所表现出的力学性质与玻璃相似，称之为玻璃态；随着温度的升高，链段运动受到激发，但整个分子链仍处于冻结状态，在受外力作用时，聚合物表现出很大的形变，外力去除后，形变可以恢复，这种状态称之为高弹态；温度继续升高，不仅链段可以运动，整个分子链都可以运动，无定形聚合物表现出黏性流动的状态，称之为黏流态。玻璃态、高弹态、黏流态称之为无定形聚合物的三种力学状态。

随着温度的升高，聚合物由玻璃态向高弹态的转变，称之为玻璃化转变，其转变温度为玻化温度，用 Tg 表示。在此时，未冻结溶质的浓度会持续增加，黏度也逐渐增加，最后黏度会高到限制水分子的自由移动，此时，无法进行冰结晶的生长。

（4）速冻水饺品质改良的一般途径

针对速冻水饺生产中常见问题，生产企业一般都采取以下方法来改良速冻水饺品质：

①降低水饺加工时和面加水量，以使水饺皮在冻结过程中冰结晶总体积较小；但是，这样会导致水饺表皮干燥，在冻结时表面水分升华而产生裂纹；并且减少加水量并不能完全控制局部大块冰结晶的形成。

②降低水饺馅中含水量，以使在冻结过程中，馅中冰结晶总体积较小；但是这样导致企业生产成本增高，影响了企业的经济效益，并且影响了产品的内在品质及风味。

③改善速冻条件,以使速冻水平更加完善,工艺控制更加合理,这样需要企业对现有设备及工艺进行改造或者调整,加重了企业负担,并且不一定会取得良好的效果。

以上方法虽有一定的可行性,但也不可避免地有其局限性与不合理性,因此并不是企业所希望的解决问题的方法,企业都在期盼着一种新的途径来改善速冻水饺品质。

**4.速冻水饺品质改良的新途径**

根据速冻水饺生产中的常见问题以及以上理论基础,提出了以下改良速冻水饺品质的新途径:

(1)添加以硬脂酸乳酸钙－钠(CSL－SSL)为主体的乳化剂

CSL－SSL 具有亲油、亲水的两个基团,这两个基团良好的活性可以达到基本将各种物质控制在加工完成时的最佳状态;因此,即使食品在高于 Tg 的温度条件下贮存,也可以保持较长的货架期;CSL－SSL 的加入可以使水的表面张力降低 30% 以上。水的表面张力降低后,润湿性大大增加,不易聚集,可以在冻结时形成更小的晶体,而不破坏面团结构;CSL－SSL 具有良好的分散能力。乳化剂良好的分散性使得面制品中各种组分在冷冻过程中可以均匀分散,安全地渡过玻璃体转化这一过程。

同时,CSL－SSL 能与面粉蛋白质中的麦谷蛋白及麦胶蛋白分别以疏水链及亲水键结合,把面粉中散落的蛋白质连接起来,形成一种面筋网络,CSL－SSL 的存在使面筋网络具有一定的强度,从而提高其耐机械搅拌能力,延长面团稳定时间,降低弱化度;因此,加入以CSL－SSL 为主体的乳化剂后,冰结晶的大小、晶形被控制,水饺可以安全地渡过玻璃体的转化过程,使速冻水饺的质量有了保证。

(2)加入以各种植物胶类为主体的复合胶体稳定剂

在速冻水饺的冻结过程中,胶体分子被挤入冰结晶周围的区域中,导致未冻结相浓度急剧增加,减少了溶质分子的自由体积,提高了冷冻食品体系的 Tg 和低温稳定性,控制速冻水饺中冰结晶的生长速率及冰结晶大小,从而提高冷冻食品的质量和货架期;由于胶体具有较强的吸水能力,可以使面团在加工过程中吸收更多的水分而不粘机,同时胶体的胶黏特性也使得水饺表皮更加细腻、光亮。

(3)添加变性淀粉来改善速冻水饺的白度以及口感

在速冻水饺生产中使用的变性淀粉是以马铃薯或木薯淀粉为基础,通过物理、化学方法变性而成的一种同时具有乳化及增稠作用的食品添加剂。添加变性淀粉后可以明显地改善速冻水饺成品的白度、亮度、表皮滑爽度、透明度,并且添加变性淀粉后可以较大提高和面加水量。

(4)添加以 Vc 为主体的复合增筋剂

Vc 可以氧化面筋蛋白中的硫氢键( $-SH$ ),并通过二硫键( $-S-S-$ )连接起来,从而加强面筋网络结构,使速冻水饺煮后筋力得到提高,咬劲得到改善。

## 三、饺子产业的发展趋势

随着人们生活水平的不断提高,人们不再满足于传统的饺子,更营养、更健康、更天然化的产品才是人们所追求的。

### 1. 饺子的营养化、疗效化

今后的食品主要是考虑对人体的健康有利,食品要营养化、疗效化。俗话说:药补不如食补。饺子馅主要为蔬菜和肉类,肉中含有优质蛋白质,疏菜中含有大量的维生素和矿物质,对人体的健康十分有利。

所以在制作饺子馅的过程中需要注意其本身的营养价值和疗效价值,也可以加以不同程度的强化,使饺子成为人们日常生活中的营养食品和疗效食品之一。

### 2. 饺子的多样化

饺子要适合人们的口味,应该注意其色、香、味、形,达到酸、甜、麻、辣、咸各种风味俱全。要让饺子像我国的烹调食品一样变化万千,除了目前有传统饺子种类外,还需要创造出更多更好的新品种。

### 3. 饺子的天然化

饺子在加工过程中,要尽量保持饺子原料的原有色泽和风味,并且饺子的原料应该尽量选择那些无污染、天然的绿色食品,此外饺子在生产加工过程中要尽量少用添加剂,使其制品天然化,利用自然的产物进行加工,这样既能保证饺子的质量又能对人体的健康有益。

现在我国人民的生活水平越来越高,人们不仅要吃饱,还要吃好。饺子的生产也将随着时代的发展而不断进步。

# 第二章 饺子的制作原料

制作饺子的各种原材料的含量和组成比例,直接决定着饺子的营养价值和风味特点;并且在饺子的加工制作过程中,各种成分常常发生不同的变化,从而影响饺子的食用品质和营养价值。掌握饺子制作中各种原料的组成和比例,以及制作过程中化学成分的变化,可以创造适宜的制作条件,以减少营养物质的破坏,提高饺子制品的营养价值,最大限度地保持原料的品质。

在原料的采购、加工等重要环节大幅增加抽检频次和抽样数量,保证制作速冻水饺的原料的质量安全,防止采购劣质原料,还要防止原料在加工过程中被污染。

## 第一节 水

水是饺子制作中不可或缺的原料,成品饺子中含有大量的水分,一般含65%~85%。饺子用水应符合国家生活饮用水的卫生标准。在制作饺子皮面团时,一般加水量为面粉的45%左右,并且水要分次洒入,而不是凭自己的主观判断一次性倒入,以防止由于加水过多而出现粘手或粘机的现象。

馅料中的水分主要集中在蔬菜和肉中,并且以蔬菜中的水分含量居多。蔬菜和肉中的水分呈两种状态存在,即游离水和结合水,其中游离水占总含水量的绝大部分。游离水又称自由水,是指在蔬菜和肉中以普通水的状态存在于组织细胞中并能够自由移动的水分。其特点是溶有糖、酸等多种物质,流动性大,在加工过程中容易被排出。这一特性决定了饺子制作、冷冻和贮存过程中,如果条件控制不好,饺子容易失水而失去原有的风味。结合水又叫束缚水,这种水和蔬菜中的一些胶体(如蛋白质、果胶质、淀粉等)物质结合而存在。它的相对密度大,热容量小,并且受到化学键(氢键)的束缚,丧失了普通水的物理特性。它在一个大气压下,0℃以下不结冰,100℃不会沸腾汽化,所以结合水比较稳定。

含水量是衡量饺子新鲜程度的重要特征。新鲜的蔬菜和肉,含水量充足,多汁,并且在细胞中有较多的水溶性固形物,做出的饺子风味品质优良。如果蔬菜和肉水分含量减少,细胞的膨压性减小,不仅使其品质降低,而且会由于细胞中酶的活性增强而使饺子的营养价值降低。如果饺子制作时用水量过少,首先,面皮会由于吸水较少不能形成完善的面筋网络而导致表皮粗糙,并且在速冻过程中因干燥而破裂;其次水饺中含水量减少,以使在冻结过程中,馅中冰结晶总体积较小,导致企业生产成本增高,影响了企业的经济效益,并且影响了产品的内在品质及风味。

但是饺子用水量过多,会对贮藏和加工带来一定的困难。一方面用水量大,则面皮粘机现象较严重,水饺制作时破损率较高,且需加入大量面扑,影响产品的外观与色泽;另一方面用水量多时,饺子含水量大,微生物在低温下的繁殖速率也会相对加快,造成腐烂变质,不利于饺子的长期保存。

在饺子的制作加工过程中,应该根据不同的饺子原料选择适宜的制作环境,并且本着尽量保存原料本身的风味的原则进行加工。

## 第二节 面粉

面粉是制作饺子皮最主要的原料。面粉中含有淀粉、蛋白质、油脂、矿物质、水、维生素等,其中大部分是淀粉类。

面粉按蛋白质含量多少来分类,有高、中、低筋面粉之分,不同筋度的面粉适合做不同的食品。

高筋面粉:高筋面粉又称强筋面粉,颜色较深,本身较有活性且光滑,手抓不易成团状,其蛋白质含量高,为12%~15%,平均含量为13.5%。通常蛋白质含量在11.5%以上就可叫做高筋面粉,湿面筋值在35%以上。由于高筋面粉的蛋白质和面筋含量高,因此筋度强,常用来制作具有弹性与嚼感的面包、面条,以及部分酥皮类起酥点心,比如丹麦酥。在西饼中多用于松饼(千层酥)和奶油空心饼(泡芙)中,而在蛋糕方面仅限于高成分的水果蛋糕中使用。

中筋面粉:即普通面粉,中筋面粉是介于高筋面粉与低筋面粉之间的一类面粉。美国、澳大利亚产的冬小麦粉和我国的标准粉等都属于这类面粉。颜色乳白,介于高、低粉之间,体质半松散,蛋白质含量为9%~11%,蛋白质含量平均在10.5%左右,湿面筋值为25%~35%。中筋粉多用在中式点心制作上,如包子、馒头、饺子、面条等。此外中筋面粉还适合用于制作重型水果蛋糕、肉馅饼等。

低筋面粉:低筋面粉又称弱筋面粉,颜色较白,用手抓易成团,其蛋白质和面筋含量低,其中蛋白质含量为7%~9%,平均含量在8.5%左右,湿面筋值在25%以下。蛋白质含量低,麸质也较少,因此筋性亦弱,比较适合用来制作口感柔软、组织疏松的蛋糕、松糕、花卷、饼干以及需要蓬松酥脆口感的挞皮等。英国、法国和德国的弱力面粉均属于这一类。

面粉按性能和用途分为:专用面粉(如面包粉、饺子粉、饼干粉等)、通用面粉(如标准粉、富强粉)、营养强化面粉(如增钙面粉、富铁面粉、"7+1"营养强化面粉等)。

面粉按精度分为:特制一等面粉、特制二等面粉、标准面粉、普通面粉。

用于制作饺子的面粉一般为中筋面粉,做出的饺子皮耐冻,冻后无裂痕,并且其熟制后,外观好:颜色白而微泛淡黄,光泽亮洁,透明度好;口感佳:爽口,不粘牙,柔软,有咬劲,有韧性,细腻度好;耐煮性强:表皮完好无损,汤清不混,且无沉淀物质。

# 第三节　畜禽肉类

做饺子常用的畜禽肉类包括:猪肉、牛肉、羊肉、鸡肉以及狗肉、驴肉、马肉等。原料肉的质量是控制饺子品质的关键因素之一。如果原料肉卫生质量不合格,非但做不出美味的饺子,还可能出现食品安全问题,所以要严格控制原料肉的质量。

原料肉必须选用经兽医卫生检验合格的新鲜肉或冷冻肉,并符合 GB2707《鲜(冻)畜肉卫生标准》和 GB16869《鲜冻禽产品》的规定,严禁冷冻肉经反复冻融后使用,因它不仅降低了肉的营养价值,而且也影响肉的持水性和风味,进而影响水饺的品质。冷冻肉的解冻程度要严格控制,一般在 20℃左右解冻 10h,中心温度控制在 2~4℃。原料肉在清洗前必须剔骨去皮,修净淋巴结及严重充血、淤血处,剔除色泽气味不正常部分,对肥膘还应修净毛根等。

肉的化学成分主要是指肌肉组织的各种化学物质,包括水分、蛋白质、脂类、碳水化合物、含氮浸出物及少量的矿物质和维生素等。通常含水 75%、蛋白质 18%~20%、脂肪 3%、碳水化合物 1%、矿物质 1%,还有一些维生素,例如猪肉是 B 族维生素最佳供给源。

胴体主要由肌肉组织、脂肪组织、结缔组织和骨骼组织四大部分组成。这些组织的构造、性质及其含量直接影响到肉的质量、加工用途和商品价值。它依据屠宰动物的种类、品种、性别、年龄和营养状况等因素不同而有很大差异。各种组织在胴体中的含量见下表。

肉的各种组织占胴体重量的百分比

| 组织名称 | 牛肉(%) | 猪肉(%) | 羊肉(%) |
|---|---|---|---|
| 肌肉组织 | 57~62 | 39~58 | 49~56 |
| 脂肪组织 | 3~16 | 15~45 | 4~18 |
| 骨骼组织 | 17~29 | 10~18 | 7~11 |
| 结缔组织 | 9~12 | 6~8 | 20~35 |
| 血　液 | 0.8~1 | 0.6~0.8 | 0.8~1 |

肌肉组织为胴体的主要组成部分,肌肉中除水分外主要成分是蛋白质,占 18%~20%,占肉中固形物的 80%,脂肪组织是仅次于肌肉组织的第二个重要组成部分,具有较高的食用价值,对肉的食用品质影响很大,对于改善肉质、多汁性、提高风味均有影响。脂肪在肉中的含量变动较大,取决于动物种类、品种、年龄、性别及肥育程度。

水分在肉中占绝大部分,可以把肉看作是一个复杂的胶体分散体系。水为溶媒,其他成分为溶质,以不同形式分散在溶媒中。水在肉体内分布是不均匀的,肉中水分含量多少及存在状态影响肉的加工质量及贮藏性。研究表明,水分含量与肉品贮藏性呈函数关系,水分多则易遭致细菌、霉菌繁殖,引起肉的腐败变质,肉脱水干缩不仅使肉品失重而且严重影响肉的颜色,风味和组织状态,并引起脂肪氧化。

制作饺子的原料肉的选择可以根据不同的风味需要进行选择,一般选择含有大量肌肉组织和少量脂肪组织的原料肉进行饺子馅的制作,这样做出的饺子馅既含有丰富的营养物质,又会产生鲜美的味道。

# 第四节　海鲜

用于制作饺子的海鲜种类很多,如:虾、蟹、海参、墨鱼、鲮鱼、鳗鱼、鱿鱼、带鱼、金枪鱼、海藻等。海鲜的质量也是控制饺子品质的关键因素之一。如果海鲜卫生质量不合格,非但做不出美味的饺子,还可能出现食品安全问题,所以要严格控制海鲜的质量。

海鲜除了含有丰富的营养物质外,还具有很多的药用价值。

海参有壮阳、益气、通肠润燥、止血消炎等功效,经常食用,对肾虚引起的遗尿、性功能减退等颇有益处。

鳗鱼能补虚壮阳、除风湿、强筋骨、调节血糖,对性功能减退、糖尿病、虚劳阳痿、风湿、筋骨痛等,也都有调治之效。

海蛇能补肾壮阳,治肾虚阳痿,并有祛风通络、活血养肤之功效。

海藻类食品的含碘量为食品之冠,碘缺乏不仅会造成神经系统、听觉器官、甲状腺发育的缺陷或畸形,还可导致性功能衰退、性欲降低;因此,中年人应经常食用一些海藻类食物,如海带、裙带菜等。

金枪鱼含有大量肌红蛋白和细胞色素等色素蛋白,其脂肪酸大多为不饱和脂肪酸,具有降低血压、胆固醇以及防治心血管病等功能;此外,金枪鱼还能补虚壮阳、除风湿、强筋骨、调节血糖等。

虾仁具有补肾壮阳、健胃的功效,熟食能温补肾阳;凡久病体虚、短气乏力、面黄肌瘦者,可作为食疗补品,而健康人食之可健身强力;淡水活虾的壮阳益精作用最强。

带鱼有壮阳益精、补益五脏之功效,对气血不足、食少乏力、皮肤干燥、阳痿等均有调治作用。

因此用海鲜做馅的饺子不仅味道鲜美,而且还具有很好的保健作用,可以起到食补的作用。

# 第五节　蔬菜

用于制作饺子的蔬菜种类很多,如:白菜、芹菜、大葱、番茄、茄子、黄瓜、豆角、西葫芦等。蔬菜的质量也是关键因素之一。如果蔬菜卫生质量不合格,非但做不出美味的饺子,还可能出现食品安全问题,所以要严格控制蔬菜的质量。

这些蔬菜要鲜嫩,除尽枯叶,腐烂部分及根部,用流动水洗净后在沸水中浸烫。要求蔬菜受热均匀,浸烫适度,不能过熟。然后迅速用冷水使蔬菜在短时间内降至室温,沥水绞成颗粒状并挤干菜水备用。烫菜数量应视生产量而定,要做到随烫随用,不可多烫,放置时间过长使烫过的菜"回生"或用不完冻后再解冻使用都会影响水饺制品的品质。

蔬菜含有大量的水,还含有丰富的蛋白质、氨基酸、糖、淀粉、纤维素、有机酸、色素、果胶、单宁、芳香物质、维生素、矿物质等。

新鲜的蔬菜中,水占绝大部分,它是维持蔬菜正常生理活性和新鲜品质的必要条件,也是蔬菜的重要品质特性之一。蔬菜含水量因其种类品种的不同而不同,一般蔬菜的含水量在80%～90%之间,如:大白菜含水量93%～96%,胡萝卜含水量86%～91%,黄瓜含水量94%～97%,大蒜含水量70%左右。

维生素在蔬菜中含量极为丰富,是人体维生素的重要来源之一。包括维生素 A、维生素 $B_1$、维生素 $B_2$、维生素 C、维生素 D、维生素 P 等,其中主要是维生素 A、维生素 C。据报道,人体所需维生素 C 的

98%、维生素 A 的 57%来自于果蔬。

纤维素虽然对人体无营养价值,但它可促使肠胃蠕动,有助于消化,对人体的健康有益,现在日常的饮食中都提倡摄入一定量的纤维素。

蔬菜中含有丰富的钾、钠、铁、钙、磷等矿物质,与人体有密切的关系。蔬菜中的矿物质容易为人体吸收,而且被消化后分解产生的物质大多呈碱性,可以中和鱼、肉、蛋和粮食消化过程中产生的酸性物质,起调节人体酸、碱平衡的作用。因此,果蔬又叫"碱性食品",而鱼、肉、蛋和粮食叫做"酸性食品"。

饺子的香味主要来自蔬菜,蔬菜的香味由其含有的各种不同的芳香物质所形成。芳香物质系油状的挥发性物质,故又称挥发油,其含量极微,一般只有万分之几或十几万分之几,但在胡萝卜、香菜、芹菜等蔬菜中含量较高,可达 1%～3%。挥发油类不仅具有刺激食欲、帮助消化的作用,而且还具有抗菌素或植物杀菌素的作用,有利于饺子制品的贮藏。

蔬菜中含氮物质一般占 0.6%～0.9%,其中豆类含量最多,如:四季豆含 1.7%,豇豆含 2.4%,胡萝卜含 0.6%,春笋含 2.1%,大白菜含 1.1%,莴笋含 0.6%,蒜苗含 1.2%,黄瓜含 0.6%～0.9%,茄子含 0.7%～2.3%。

蔬菜中蛋白质含量虽不及肉类,但蔬菜与饺子制品的质量风味有密切的关系。蛋白质不仅是饺子制品的一种营养成分,而且更重要的是蛋白质含量和性质还影响着产品的外观、香气和鲜美味道。在饺子熟制过程中蔬菜中特有的香味小分子成分受热散发出来产生诱人的香味,使人胃口大开。

# 第六节　辅料

饺子加工制作中所用到的辅料有很多,如:植物油、香油、大酱、酱油、醋、糖、精盐、味精、鸡精、葱、姜、蒜、胡椒粉、辣椒粉等。这些辅料应使用高质量的产品,对葱、蒜、姜等辅料应除尽不可食用部分,用流水洗净,切碎备用。这些辅料的卫生质量的安全同样决定着饺子的食品安全,所以在准备饺子的辅料时,一定要确保辅料的质量安全。如果这些饺子辅料的卫生质量不合格,非但做不出美味的饺子,还可能引起食品的安全问题。

饺子辅料虽然在用量上远不及面粉、肉、海鲜、蔬菜等这些主料,但是对饺子的色、香、味都有很大的影响,可使饺子色泽鲜亮、鲜香浓郁、口味芳香。

饺子辅料是饺子制作中不可或缺的原料。

# 第三章　饺子的制作

## 第一节　面团的制作

面团的调制技术是成品质量优劣和生产操作能否顺利进行的关键。制作饺子的面粉必须选用优质、洁白、面筋度较高的中筋面粉，有条件的可用特制水饺专用粉。对于潮解、结块、霉烂、变质、包装破损的面粉不能使用，否则影响饺子制品的质量。对于新面粉，由于其中存在蛋白酶的强力活化剂——硫氢基化合物，往往影响面团的拌合质量，从而影响水饺制品的质量。对此可在新面粉中加一些陈面粉或将新面粉放置一段时间，使其中的硫氢基团被氧化而失去活性，还可以添加一些品质改良剂，但会加大制造成本并且又不易掌握和控制，通常不便使用。面粉的质量直接影响水饺制品的质量，应特别重视。

面粉在拌合时一定要做到计量准确，加水定量，适度拌合。取一定量的中筋面粉，往面粉里加水时要分次洒入，而不是凭自己的主观判断一次性倒入，以防止由于加水过多而出现粘手或粘机的现象。加水时，要不断地翻动面粉，直到将剩余的所有的干面粉（应该剩的不多了）全部揉匀了为止。加入的水量一般为面粉的45%左右。

要根据季节和面粉质量控制加水量和拌合时间，气温低时可多加一些水，将面团调制得稍软一些；气温高时可少加一些水甚至加一些4℃左右的冷水，将面团调制得稍硬一些，这样有利于水饺成型。如果面团调制"劲"过大了可多加一些水将面和软一点，以改善这种状况。调制好的面团可用洁净湿布盖好防止面团表面风干结皮，饧30min左右，使面团中未吸足水分的粉粒充分吸水，更好地生成面筋网络，提高面团的弹性和滋润性，使制成品更爽口。

另外，为了提高面团中蛋白质的含量，在和面时可以往面粉里掺入几个鸡蛋清，这样不仅可以增加面团中的蛋白质含量，而且用这样的面做出的饺子下锅后，蛋白质很快凝固收缩，饺子起锅后，不易粘连。

节日期间，有的家庭可以尝试一下"翡翠饺子"，做法和普通饺子一样，只是在和面时掺菠菜汁或油菜汁。精白面加菜汁，煮熟后饺子皮洁白中带有淡淡的绿色，颇似翡翠，使美味的饺子更加诱人。这种饺子不宜大，要小而精。

# 第二节　馅料的制作

饺子是大众化食物，要想使制作出的饺子鲜美，那么饺子馅的制作就相当考究了。饺子馅配料要考究，计量要准确，搅拌要均匀，方法要合适，要控制好原料的质量、馅的肉菜比、肥瘦比等。饺子馅的肉与菜的比例一般以1:1或1:0.5为宜，并且通常肉的肥瘦比控制在2:8或3:7较为适宜。此外饺子馅的加水量和加水的时机也很重要，通常的加水量：新鲜肉＞冷冻肉＞反复冻融的肉；四号肉＞二号肉＞五花肉＞肥膘；温度高时加水量要小于温度低时。如果是菜肉馅水饺，在肉馅基础上再加入经开水烫过、绞碎挤干水分的蔬菜一起拌和均匀即可。韭菜、大葱、白菜、萝卜、茴香、芹菜等随自己口味选用。用以上方法做出的饺子馅不仅味道鲜美，而且不会出现破皮、出水、露馅等问题。

首先是饺子馅中的蔬菜的处理。在制作饺子馅的过程中，如果操作不当，蔬菜中的汁液会流出，饺子馅变稀，包饺子时，饺子边容易沾上油水而捏不实，并且煮时容易破裂。防止饺子馅出水的办法：做饺子馅的蔬菜剁好后，先放入食用油拌匀，使蔬菜被食用油包裹上，这样精盐就不易进入蔬菜内部，蔬菜中的汁液就不会流出了。

其次是饺子馅中的肉末处理。制作时，要注意往肉馅里"打"水，即徐徐加水，并用筷子朝一个方向搅动，使水吸入肉馅内，至肉馅比较稀。馅的瘦肉多，可多放水，肥肉多宜少放水，因为肥肉吃水少；温度高时加水量要小于温度低时。在高温夏季还必须加入一些 2℃ 左右的冷水拌馅,以降低饺馅温度,防止其腐败变质和提高其持水性。向饺馅中加水必须是在加入调味品之后(即先加味精、姜等除盐以外的配料,后加水),否则,调料不易渗透入味,而且在搅拌时搅不黏,水分吸收不进去,制成的饺馅不鲜嫩也不入味。加水后搅拌必须充分才能使饺馅均匀、黏稠,制成的水饺制品才饱满充实。如果搅拌不充分,馅汁易分离,水饺成形时易出现包合不严、烂角、裂口、汁液流出现象,使水饺煮熟后出现走油、漏馅、穿底等不良现象。

最后,将菜馅加入肉馅中充分搅拌,临要包饺子时再放入精盐搅拌均匀(注意:每次搅拌都要向相同的方向搅拌),这样拌出的饺子馅,蔬菜中的汁液就不会流出了,饺子馅也就不会变稀了。这样拌出的馅包出的饺子,吃起来菜很嫩,又有点汁水,鲜香爽口。

如果做的是素饺子,那么就不用考虑肉馅的制作,将配料拌入蔬菜馅,临要包饺子时再放入精盐搅拌均匀。

若做的是净肉饺子,就不用考虑蔬菜馅的制作,将配料拌入肉馅,同时放入精盐,充分搅拌均匀。

# 第三节　饺子的捏制

面团(剂子)和饺子馅都准备好以后,下一步就是包饺子了。先将和好的面用手揉成粗细适中的长条,然后用刀切成一个个小块,不要很大,和麻将块大小差不多就可以,用手将其压扁,这样比较适宜擀。

现在有多种小型的家用饺子机,可以自动做出饺子皮,不过机器做出的饺子皮没有韧性,没有舒适感,口感也不好,而人工擀出来的饺子皮容易煮熟,并且口感很好,软硬适中,皮和馅儿能够很好的融合在一起,成为一个有味道的整体。

面团要软硬适中才好,若是太硬,擀饺皮时就不好擀,擀不开,而且很容易就有裂痕,包起来的水饺看上去也不是很美观;若是太软,擀饺皮时倒是好擀一些,但是包出来的水饺容易破,里面的馅儿比较容易漏出来。把饧好的面团放在案板上,搓成直径 2 ~ 3cm 的圆柱状把柱条揪(或切)成高 1.5cm 左右的一个个小块——剂子。把剂子用手压扁,再用擀面杖擀成直径适度(6 ~ 8cm)的厚约 0.5 ~ 1mm 的薄圆饼。擀出的饺子皮要很圆的,中间稍厚些、边缘薄些,若中间不够厚,那么包起来的水饺很容易就破了。因为包饺子时,最后几乎所有的压力都集中在中心上了。擀皮时,案板上要撒些干面粉,以防粘板。

　　饺子皮擀好后,就可以进行包捏了。包饺子的方法多种多样,没有规定饺子要怎么包,可以选择最顺手的方法或最喜欢的饺形来包。在此介绍四种最平常的包法。

## 一、基本形

做法:

1. 手掌呈弯曲形放上饺子皮并放入适量的馅料。

2. 将饺子皮对折成半圆并将中间处捏合(也可在饺子皮外缘涂一圈水,以增加饺子皮的黏性)。

3. 双手用拇指和食指按住边缘,并同时往中间轻轻挤压,使中间鼓起成木鱼状即完成。

注意:包饺子时,切忌别让馅料沾到皮的外缘,因为馅料本身有点油,外缘若碰到馅料的话,就不容易粘紧了。

## 二、波浪形

做法:

1. 手掌呈弯曲形放上饺子皮并放入适量的馅料。

2. 将饺子皮对折并用双手稍微挤压封口成半圆形(也可在饺子皮外缘涂一圈水,以增加饺子皮的黏性)。

3. 以每个 0.4cm 的距离用拇指及食指在外缘重复折纹,从左折至右端处即完成。

### 三、花边形

做法:

1. 手掌呈弯曲形放上饺子皮并放入适量的馅料。

2. 将饺子皮对折并用食指将两侧往内压。

3. 将饺子皮 2 个角稍微捏紧封口。

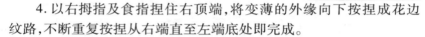

4. 以右拇指及食指捏住右顶端,将变薄的外缘向下按捏成花边纹路,不断重复按捏从右端直至左端底处即完成。

注意:包饺子时,沾水是为了增加饺子皮的黏性,沾水宽度在 1cm 为最佳,若水沾太少则不容易黏合。

### 四、帽子形

做法:

1. 手掌呈弯曲形放上饺子皮并放入适量的馅料,将饺子皮对折并用双手稍微挤压封口成半圆形。

2. 在成半圆形的饺子皮外缘涂一层水以增加饺子皮黏性。

3. 左右手各捏住饺子的左右两端并同时向中间弯拢。

4. 将饺子皮的两端捏牢黏紧,使半圆形的边微微上翘,饺子可平放站立在桌面即可完成帽子饺。

## 第四节  饺子的熟制

包好的饺子,或者经过冷冻,或者直接熟制食用。饺子熟制有多种方法,煮、蒸、煎、炸等,且每种方法都有很多需要注意的地方。现介绍饺子熟制的四种方法如下:

## 一、煮饺子

1．煮水饺时,为了煮出粒粒熟透又不互相粘黏的饺子,请谨记"大锅","多水"这两个原则。在水里放一颗大葱或在水煮沸后加点盐或植物油,再放饺子,这样锅开时水不外溢,并且饺子不粘连。

2．水沸腾后,饺子放入锅中,用汤勺轻推饺子(轻推就好,千万不可大动作乱搅动),避免饺子黏在锅底。盖上锅盖用大火煮至饺子浮起,锅内的水第二次沸腾时加入1杯冷水,并盖锅焖煮。

3．经过2～3次烧开再加冷水的过程,一粒粒饱满的饺子浮在水面上就行了,就算是冷冻的饺子也能煮的熟,并不需事先先解冻或煮得太久,因为煮的过久饺子皮会过度膨胀,馅料的香味也会流失。

4．熟饺子出锅时,可滴入2～3滴香油拌匀,即可预防饺子在盘中互粘,也可增加香味。

食用时,可以根据个人的喜好,做一些蘸料,如:蒜3瓣,拍碎切蓉,加少许糖,酱油,醋,再加点芥末。

## 二、蒸饺子

1．先将蒸锅的水烧开,可在里滴入几滴油,防治水溢出,浸泡饺子,影响蒸饺风味。

2．在盘子或者蒸笼上涂一层薄薄的植物油,然后将包好的饺子放入盘中或蒸笼中。

3．在蒸锅中蒸约15min,即可取出食用。可以根据自己的口味喜好自制蘸料。

## 三、煎饺子

1．热锅,倒入色拉油烧热。

2．先将包好的生饺子底部压平,再整齐排放至平底锅中,饺子与饺子之间必须留一点空隙。

3．开中火煎至饺子底部略变近金黄色时,倒入2/3杯热水,以避免温度下降,使饺子皮有弹性。

4.加盖以大火焖煮至水分完全被饺子吸收后,转小火续煮至饺子底部变成金黄色即可盛起放入盘中食用。

## 四、炸饺子

1.取炒锅,注入色拉油,加热烧至五成热。

2.将捏紧成月牙形状的饺子生坯下入五成热的油中。

3.用中火将饺子炸至金黄色,待饺子浮在油面上,捞出盛入盘中,待冷却,即可蘸着佐料味汁食用。

# 第四章　饺子的营养保健功能

## 第一节　饺子的营养作用

饺子是由多种原料经多道工序制作而成。虽然不同种类的饺子的营养成分不可能完全相同，但其中的营养成分不言而喻，是非常丰富的。饺子中含有多种主料及各种配料和香料，使熟制后的饺子的色泽鲜艳好看，口味芳香，营养丰富，形成了各种饺子的独特的风味。

**1. 营养易于吸收**

饺子中的肉经过低温贮存一段时间后，风味更好，再经过煮熟后，其中的蛋白质在高温下变性更有利于人体消化吸收。并且其他原料中的营养成分、功能成分也进入肉内，便其更加鲜美。从营养角度讲，食用纯肉并不利于消化吸收。实验证明，纯肉在肠胃里消化需 4～5h，吸收率仅为 70%。饺子肉馅里加些蔬菜，不仅味道好，被吸收率也可提高到 80% 左右，营养更全面；并且肉属酸性，蔬菜为碱性，利于平衡。蔬菜含有纤维素，还可促进人体胃肠蠕动，有助消化。

**2. 香气成分丰富**

一般蔬菜都含有蛋白质，在饺子煮熟的过程中，少量的蛋白质分解生成了带有香气和鲜味的氨基酸。另外，蔬菜中含有糖苷类物质（如黑芥子苷或白芥子苷），具有使人不快的苦辣味，在制作、冷冻和熟制过程中或遇热分解，或被其他的香气掩盖；并且饺子馅中各种辅料中的香气吸附到蔬菜细胞内而构成自身的风味。

**3. 维生素损失少**

蔬菜含有多种维生素、纤维素、矿物质等。例如白菜含有维生素 C、维生素 E 和钙、磷、铁等；韭菜含有丰富的纤维素、胡萝卜素、维生素 C 等，还含有一种挥发性成分及硫化物，不仅味道鲜美，有特殊的香味,还有温补肝肾、助阳固精的作用。维生素是维持人体正常生理功能所必需的一类微量有机物质。食物中的维生素一般在加工过程中都会受到不同程度的损失。饺子制作过程中,原料中的维生素也会有所损失,但相对其他食品维生素的损失较少。在烹饪过程中,高温会让蔬菜中很多维生素分解,不仅损失了维生素,而且也损失了较多其他的营养物质。而在饺子制作过程中蔬菜中的维生素和营养物质损失很少,即使在后期的熟制过程中,熟制的温度相对而言是比较低的,损失的维生素和营养物质也相对比较少。

# 第二节　饺子的保健功能

俗话说,好吃不过饺子。但除了好吃之外,很多人都忽略了它的营养价值最符合国内外营养学家们所推崇的"平衡膳食"要求。

饺子中含有丰富的营养成分和生理活性物质,具有很好的保健功能。饺子皮是用面粉做的,属于主食,它含有糖类、维生素等,是人体热量的主要来源。饺子馅为蔬菜和肉类,这种荤素搭配非常合理。疏菜中含有丰富的维生素、纤维素和矿物质,对人体健康十分有利。例如蔬菜中的黄瓜、冬瓜、白萝卜富含维生素、纤维素、矿物质等,具有良好的减肥效果;豆类蔬菜含有染料木黄酮,蘑菇、大蒜和洋葱等含有硒,能增强人体的免疫功能,具有抗肿瘤功能;蔬菜中的维生素C、维生素E、β-胡萝卜素以及番茄红素能保护心脏、预防心脏病的产生。肉中则富含全部的动物蛋白。动物蛋白是人体不可缺少的,含有人体所必需的全部氨基酸,对人体的健康非常重要。人体不能只补充植物蛋白,植物蛋白中的氨基酸种类不齐全,并且各种氨基酸的比例不均。

近些年来,饺子馅的品种越来越多,海鲜、豆类、水果等均可入馅,使饺子的营养更多样化。吃饺子有利于控制进食的数量,这也是其他很多食物难以达到的。为了科学进食,营养学家提倡"七八分饱",这个"度"在吃米饭、面条时较难准确衡量,而吃饺子就可以计数,尤其对于糖尿病患者、肥胖者及限制食量的人来说,有很大的好处。

　　随着人们生活水平的提高,饺子的种类还会更加丰富。现在社会的人们随着健康意识的增强,都不再单单依赖药物进行进补或治疗了,越来越流行采用药膳进行食补,而用饺子进行食补越来越受到人们的青睐。

　　将药膳当做配料放入饺子中食用已为人们接受和喜爱。药材中的药用成分在饺子加工过程中融入饺子馅中,人们在享受饺子美味的同时又可以进补,不失为一种两全其美的好方法。

# 第五章　速冻饺子的生产工艺技术

## 第一节　速冻饺子规模化生产的流程

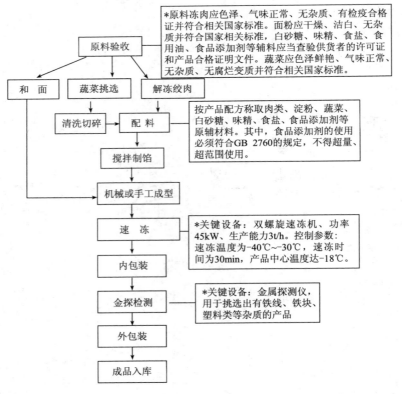

速冻饺子生产工艺流程图

注:带＊号的原料验收、配料、速冻、金探检测为关键控制点。

## 速冻水饺生产工艺技术及要求:

**1. 原料验收**

原料冻肉应色泽、气味正常、无杂质、有检疫合格证并符合国家相关标准;面粉应干燥、洁白、无杂质并符合国家相关标准;白砂糖、味精、食盐、食用油、食品添加剂等辅料应当查验供货者的许可证和产品合格证明文件;蔬菜应色泽鲜艳、气味正常、无杂质、无腐烂变质并符合相关国家标准。生产速冻水饺的原料的质量,是保证速冻水饺质量的关键,只有保证了原料的安全卫生,生产出的速冻水饺的质量才能有保障;如果原料有质量问题,不管后面生产过程中如何严格控制,最终生产出的成品速冻水饺绝对不会是合格产品。

**2. 和面**

工厂规模化生产速冻水饺一般都采用机器进行和面,很少采用人工和面的;采用人工和面,费时费力,制作出的面团也很难达到统一的标准。用机器和面,将称取的面粉投入和面机中,然后加入适量的水,进行机械搅拌,备用。

**3. 解冻绞肉**

工厂制作速冻水饺的肉,一般是冷鲜肉,刚从冷库取出的冷鲜肉,需要将其解冻,解冻后将肉投入绞肉机中绞碎成直径为2mm的小颗粒,备用。

**4. 蔬菜处理**

将蔬菜挑选清洗干净后用机械切菜机切碎,备用。

**5. 配料**

按产品配方称取定量的肉和蔬菜等原辅材料备用。如果用到食品添加剂,那么食品添加剂的使用量应严格遵守 GB 2760 的规定。

**6. 搅拌制馅**

将产品配方中定量的肉、蔬菜以及辅料等投入搅拌机中搅拌,打成馅料。

**7. 成型**

这个阶段,不同的生产工厂采用不同的成型方式,有的工厂采用饺子成型机成型,有的工厂采用手工成型。采用手工成型生产饺子的效率低于饺子成型机,但是饺子的外形好于机械饺子;采用饺子成型机生产饺子的效率高,但是饺子的外形逊于手工成型的饺子;并且采用手工成型,消耗了大量的劳动力,增加了生产成本;所以现在越来越多的工厂采用饺子成型机逐步代替手工成型。

**8.速冻**

饺子速冻就是食品在短时间(通常为30min)内迅速通过最大冰晶体生成带(−4～0℃)。将成型后的产品投入双螺旋速冻机中(温度为−40～−30℃)进行速冻,要求在30min内产品中心温度达到−18℃,以保证速冻水饺的质量。经速冻的饺子中所形成的冰晶体较小而且几乎全部散布在细胞内,细胞破裂率低,从而才能获得高品质的速冻食品。同样水饺制品只有经过速冻而不是缓冻才能获得高质量速冻水饺制品。当水饺在速冻时间内,其中心温度达−18℃即速冻好。目前我国速冻产品多采用鼓风冻结、接触式冻结、液氮喷淋式冻结等。

**9.内包装**

速冻水饺冻结好即可装袋。为保证速冻饺子的质量,延长保质期,在装袋时要剔除烂头、破损、裂口的饺子以及连接在一起的两连饺、三连饺及多连饺等,还应剔除异形、落地、已解冻及受污染的饺子。不得装入面团、面块和多量的面粉。严禁包装未速冻好的饺子。装袋过程中要求准确计量,严禁净含量低于国家计量标准和法规要求,在工作中要经常校正计量器具。准确计量后即可排气封口包装。包装袋封口要严实、牢固、平整、美观,生产日期、保质期打印要准确、清晰。

**10.检验**

封口后的产品通过金属探测仪检验,有杂质的产品挑选出另行处理,不得进入下道工序。

**11.外包装**

通过金属探测仪器检验合格后,按产品规格要求进行装箱。装箱动作要轻,打包要整齐,胶带要封严粘牢,内容物要与外包装箱标志、品名、生产日期、数量等相符。

**12.成品入库**

将包装完毕的产品及时送至成品冻库,进行低温冷藏。要求冻库温度在 -18℃以下,库房温度必须稳定,波动不超过1℃。

# 第二节　速冻饺子生产过程中应注意的事项

速冻饺子食品要求其从原料到产品,都要保持食品鲜度,因此在水饺生产加工过程中要保持工作环境温度的稳定,通常在10℃左右较为适宜。

## 一、原料的预处理

饺子是含馅的食品,饺子馅的原料可以是蔬菜,肉和食用菌类,原料处理的好坏与产品质量密切相关。

**1.蔬菜的预处理**

洗菜工序是饺子馅加工的第一道工序,洗菜工序控制的好坏,将直接影响后续工序,对产品的卫生质量十分重要。因此洗菜时除了新鲜蔬菜要去根、坏叶、老叶,削掉霉烂部分外,更主要的是要用流动水冲洗,一般至少3~5次,复洗时要用流动水,以便清洗干净。

切菜的目的是将颗粒大、个体长的蔬菜切成符合馅料需要的细碎状。从产品食用口感方面讲,菜切的粗一些好。一般人们比较喜欢食用的蔬菜长度在6mm以上,但蔬菜太长不仅使制作的馅料无法成型,且手工包制时饺子皮也容易破口。如果是采用机器包制,馅料太粗,容易造成堵塞,在成型过程中就表现为不出馅或出馅不均匀,所形成水饺就会因馅少或馅多而破裂,严重影响水饺的感官质量。

蔬菜水分控制的如何与馅类的加工质量关系很大,也是菜类处理工序中必不可少的工艺,尤其是对水分含量高的蔬菜。各种菜的脱水率还要根据季节、天气和存放时间的不同而有所区别。春夏两季的蔬菜水分要比秋冬两季的高,雨水期采摘的蔬菜水分较高。有时一些蔬菜需要漂烫,漂烫时将水烧开,把处理干净的蔬菜倒入锅内,将菜完全没入水中,菜入锅开始计时,30s左右立即将菜从锅中取出,用凉水快速冷却,要求凉水换三遍以防止菜叶变黄,严禁长时间把菜在热水中热烫。

**2. 肉类预处理**

在水饺馅制作过程中,肉类的处理非常重要,如果使用鲜肉,用10mm孔径的绞肉机绞成碎粒,反复两次,以防止肉筋的出现。注意绞肉过程中要加入适当的碎冰块。若是冻肉,可以先用切肉机将大块冻肉刨成 6~8cm 薄片,再经过 10mm 孔径的绞肉机硬绞成碎粒。如果肉中含水量较高,可以适当脱水,脱水率控制在 20%~25% 为佳,硬绞出的肉糜一般不宜马上用作制馅,静置一段时间后,待肉糜充分解冻后方能使用,否则肉糜会失去黏性。

## 二、辅料

肉料要和食盐、味精、白糖、胡椒粉、酱油以及各种香精香料等先进行搅拌,主要是为了能使各种味道充分的吸收到肉类中,同时肉只有和盐搅拌才能产生黏性,因为盐能溶解肉类中的不溶性蛋白而产生黏性。水饺馅料有了一定的黏性后生产时才会有连续性,才不会出现馅料不均匀、成型过程中脱水的现象。但是也不能搅拌太久,否则肉类的颗粒性被破坏,食用时就会产生口感很烂的感觉,食用效果不好。判断搅拌时间是否适宜可以参考两个方面。一是是看肉色。颗粒表面有一点发白即可,不能搅拌到颗粒发白甚至都模糊了,但肉色没有变化也不行。二是看肉料的整体性。肉料在绞馅机中沿一个方向转动,如果肉馅形成一个整体而没有分离开来,表面非常光滑并且有一定的光泽,说明搅拌还不够,肉料还没有产生黏性;如果肉料已没有任何光泽度,不再呈现一个整体,体积缩小很多,几乎是黏在转轴上,用手捏感觉柔软,且会粘手,说明搅拌时间太长了。

## 三、面团的制备

制作水饺的面粉要求灰分低,蛋白质质量好。一般要求的面粉是面筋含量在28%~40%。搅拌是制作面皮的最主要的工序,这道工序掌握的好坏不但决定成型是否顺利,还影响到水饺是否耐煮,是否有弹性。为了增加制得的面皮的弹性,要充分利用面粉的蛋白质,要使这部分少量蛋白质充分溶解出来,在搅拌面粉时可以加少量食盐。在搅拌过程中,用水要分 2 ~ 3 次添加,搅拌时间与和面机的转速有关。

计算每次面粉、食盐和食用碱的投料量,准确称量好面粉和辅料,先倒入和面机内干搅 3 ~ 4 分钟,将各种原料混合均匀,再按照投入干粉的总量加水。加水的计算方法为室温在 20 ℃以上时加水量为干粉的 38% ~ 40%;当室温在 20℃以下时,加水量为干粉的 45%。

盐的加入量为面粉量的 1% 左右,添加时先把食盐溶于水中搅拌完毕后面团静置 2 ~ 4 h,使它回软有韧性。

## 四、面皮的辊压成型

如果面皮的辊压成型工序控制条件不合适,制得的饺子水煮后,可能会导致饺子皮起泡,或饺子皮破肚率增高等质量问题。调制好的面团经过 4 ~ 5 道压延,就可以得到厚度符合要求的饺子面皮。

## 五、饺子的成型

馅料和面皮加工完成以后,接下来就是饺子成型工序,该工序如果是人工成型,那么除了在进入车间时进行常规的消毒以外,同时应该加强车间和生产用具的消毒;如果用饺子成型机包制,注意调整好皮速和机头的撒粉量。

## 六、速冻

速冻原则上要求低温短时快速,使水饺以最快的速度通过最大冰晶体生成带,中心温度要在短时间达到 -15℃。包制好的水饺要尽快进入速冻隧道,速冻 30min 左右,使饺子中心的温度达 -18℃ 即可。速冻隧道温度要求要低于 -45 ~ -35℃,冻结时间为 15 ~ 30min。完成速冻后的产品要求表面坚硬,无发软现象。

此外,目前,工厂化大生产多采用饺子成型机包制水饺。饺子包制是饺子生产中极其重要的一道技术环节,它直接关系到饺子形状、大小、重量、皮的厚薄、皮馅的比例等质量问题。

饺子成型机要清理调试好。工作前必须检查机器运转是否正常，要保持机器清洁、无油污，不带肉馅、面块、面粉及其他异物；要将饺馅调至均匀无间断地稳定流动；要将饺皮厚薄、重量、大小调至符合产品质量要求的程度。一般来讲，皮重小于55%，馅重大于45%的水饺形状较饱满，大小、厚薄较适中。在包制过程中要及时添加面（切成长条状）和馅，以确保饺子形状完整，大小均匀。包制结束后机器要按规定清洗有关部件，全部清洗完毕后，再依次装配好备用。

在包制时要求饺子形状整齐，不得有露馅、缺角、瘪肚、烂头、变形，带皱褶、带小辫子、带花边，连在一起不成单个，饺子两端大小不一等异常现象。

饺子在包制过程中，在确保饺子不粘模的前提下，要通过调节干粉调节板漏孔的大小，尽量减少干粉下落量和机台上干粉存量及振筛的振动，尽可能减少附着在饺子上的干面粉，使速冻饺子成品色泽和外观清爽、美观。

机器包制好的饺子，要轻拿轻放，如果外形不好，则手工整形，以保持饺子良好的形状。在整形时要剔除一些如瘪肚、缺角、开裂、异形等不合格饺子。如果在整形时，用力过猛或手拿方式不合理，排列过紧相互挤压等都会使成型良好的饺子发扁，变形，甚至出现汁液流出、粘连、饺皮裂口等现象。整形好的饺子要及时送速冻间进行冻结。

# 第三节　影响速冻饺子品质的因素

速冻饺子是我国冷冻面制品中最为普遍的一种，近几年来，其发展非常迅速，已成为我国速冻食品行业中的一大产业。速冻饺子成了消费量最大的速冻食品。随着人民生活水平的提高和消费意识的改变，人们对水饺的品质要求也越来越高，因而，如何加工品质优良、成本低廉的速冻饺子便成了许多冷冻食品企业致力于解决的重要问题。

## 一、面粉品质的影响

饺子由皮和馅组成。饺子皮的主要原料是面粉,其品质直接影响着制品的外观和口感,合格的面粉是保证速冻饺子品质的前提。

**1. 面粉中蛋白质品质的影响**

饺子对面粉蛋白质品质要求较高。据资料介绍,面制食品对面粉中蛋白质含量的要求从低到高依次为糕点、饼干、馒头、面条、饺子、面包。可见饺子对面粉中蛋白质的要求仅次于面包,要求蛋白质含量一般为 12 % ~ 14 %。面粉中的蛋白质主要分为清蛋白、球蛋白、醇溶蛋白、谷蛋白,其中醇溶蛋白、谷蛋白是组成面筋的主要成分,面筋含量的多少及质量的好坏与饺子品质密切相关。蛋白质形成面筋后,应该具有一定的延伸性和弹性,只有这样才可以在饺子冻结过程中减轻由于水分冻结、体积膨胀造成的对饺子表皮的压力。片面追求面筋数量而忽视了蛋白质质量是影响饺子冻裂率的一个重要因素。因此,作为优质速冻饺子的专用面粉,它的蛋白质质量要好,面筋质量要高,面团的稳定时间要合适。我国行业标准(SB/T10138 - 93)对饺子专用面粉中的面筋含量要求在28% ~ 32%,粉质曲线稳定时间要求大于等于 3.5min。面筋含量超过32%以后,水饺品质的变化不明显,但从工业化生产讲,筋力太高的面粉弹性好,加工过后缩成原状的趋势强,容易对工艺造成很多的不便,因此面筋含量要适宜。

**2. 灰分和粗细度的影响**

灰分和粗细度是影响速冻面制品品质的重要指标之一。作为速冻饺子专用的面粉,应该具备以下几个特点:

(1) 灰分低。灰分是衡量小麦面粉加工精度的主要品质指标。不同的加工精度,面粉的颜色差异较大。颜色差的面粉制成的速冻食品的颜色会越来越差。用于速冻食品的面粉灰分要低于 0.45%,且越低越好。同时灰分的主要构成成分是纤维素,一般和面过程中,纤维素在面筋网络中形成节点,破坏了面筋网络的强度;并且由于纤维素吸水较快且较多,在面筋网络中形成水分聚集点,导致饺子冻结过程中破裂率提高。

（2）面粉粗细度一方面影响面粉色泽，另一方面影响面粉中游离水的含量和吸水率，这对速冻食品的稳定性有相当重要的影响。若游离水含量太多产生冰晶，会对面筋网络的构造产生破坏作用，降低速冻食品的储存性。面粉粗细度一般以全部通过 CB36 号筛，CB42号筛留存量不超过 10 % 为宜（SB/T10138 – 93）。

### 3. 面粉中淀粉的影响

淀粉在小麦面粉中所占的比例较大，一般占 70% ~ 80%。淀粉的糊化和老化对食品的质构有显著影响，因此对速冻饺子的品质影响也很大。用于速冻水饺的面粉要求其淀粉特性具有较低的糊化温度、较高的热黏度、较低的冷黏度。较低的糊化温度可以使水饺皮在低温下糊化并吸收大量的水；较高的热黏度可以使水饺在蒸煮时对表面淀粉有很强的黏附性，使表面淀粉流失减少；较低的冷黏度可以使水饺煮熟降温后减少饺子间的粘连。对于生产速冻饺子的面粉来说，淀粉的低温冻融稳定性要好，否则速冻饺子容易冻裂。破损淀粉的含量对水饺的品质也产生很大影响。蒸煮损失与破损淀粉有很大的相关性，破损淀粉含量越少，蒸煮损失越少。直链淀粉具有优良的成膜性和膜强度，支链淀粉具有优良的黏结性。目前有关面粉本身的淀粉组分对速冻水饺品质的影响研究相对较少，需要科研工作者进一步系统地研究。

## 二、工艺的影响

### 1. 面团的调制

面粉的加水量、和面程度要适度，加水量要根据季节、环境温度及面粉本身质量等因素适当控制，气温低时可多加一些水，这样做有利于饺子的成型。当面团较硬时，和面的力大，不利于水饺成型，此时可多加些水或加入一些淀粉，将面团和软一些。

### 2. 放置时间

如果饺子成型后放置时间过长，不能及时送入速冻间速冻，饺子馅内的水分会渗透到饺子皮内或流出饺子皮外，影响水饺色泽，会造成水饺色泽变差,因此包好的饺子应立即送入速冻间速冻。

### 3. 速冻工艺

在冻结食品时要求快速冻结,速冻就是食品在30min内迅速通过最大冰晶体生成带($-5 \sim -1$℃)。快速冻结要求此阶段的时间尽量缩短,当食品的中心温度达到$-18$℃,速冻过程结束。经速冻的食品中形成的冰晶体较小(冰晶的直径小于$100\mu m$),而且几乎全部散布在细胞内,细胞破裂率小,从而才能获得品质较高的速冻食品。同样,饺子也要经过速冻才能获得质量高的产品。速冻速度越快,组织内玻璃态程度就越高。速冻可以使饺子体系尽可能地处于玻璃态,形成大冰晶的可能就越小;而慢冻时,由于细胞外液的浓度较低,因此首先在细胞外水分冻结产生冰晶,造成细胞外溶液浓度增大,而细胞内的水分以液态存在,由于蒸汽压差作用,使细胞内的水向细胞外移动,形成较大的冰晶,细胞受冰晶挤压产生变形或破裂。同时,随速冻时间的增加,肉馅中蛋白质的保水能力下降,细胞内的水分转移作用加强,产生更大、更强的冰晶,而刺伤细胞,破坏组织结构。另外,由于冻结速度慢,汁液与饺子皮接触时间也长,致使饺子皮色泽发暗。而采用速冻工艺时,肉馅不致因流失汁液而浸入饺子皮。所以,制冷温度是决定制品冻结速度的主要因素,温度低效果好,但低到一定程度后,其影响作用变得不显著。

## 三、添加剂的应用

同其他面制食品一样,选择合适的添加剂可以提高饺子的品质,有效地降低生产成本。应用在速冻饺子中的添加剂必须具备以下特点:

(1)能够完善面筋网络形成,提高面筋质量。面筋网络改善有利于增强饺子皮自身的强度,抵抗由于水分结冰体积膨胀所造成的压力,减少饺子的冻裂率。

(2)提高面皮保水性。利用保水性较好的添加剂可以降低表面水分在加工、物流过程中的散失,避免由于表面水分流失所造成的表面干裂。

（3）较好的亲水性。较好的亲水性可以使面皮中的水分以细小颗粒状态均匀分布在饺子皮中,降低水分在冻结时对面皮的压力而减少冻裂率。

添加剂的选择对饺子的品质影响很大,例如乳化剂的添加可以明显降低裂纹机率,减少蒸煮损失,这是因为乳化剂能与面粉中的淀粉、蛋白质、特别是小麦面粉中的麦谷蛋白发生较强的作用,强化面筋网络,使面团弹性增强,增强面团的抗机械搅拌性能,减少搅拌等工艺过程对面筋网络造成的破坏。同时,还可阻止直链淀粉的可溶性淀粉的老化。淀粉添加量越高,饺子白度越好。外加淀粉改变了原面粉中蛋白质与淀粉的比例,从而改善了面筋网络的结构和密度,改变了对光的折射率,提高了饺子的色泽。但淀粉添加量太大,面筋被稀释,面筋质量下降,饺子的冻裂率增大。另外淀粉对饺子的耐煮性及口感、风味也有负面影响,所以淀粉添加量要根据面粉和生产情况选择恰当的比例。

## 四、馅的影响

饺子馅的品种也会对冻裂率造成一定的影响。馅中脂肪含量较高的饺子冻裂率相对较低,因为脂肪在冻结时体积缩小。蔬菜中因为水分含量较高,所以蔬菜馅水饺冻裂率相对会较高。如果是肉馅,用的原料肉不应是反复冻融的,否则会影响保水性、影响饺子的成型。同时饺子馅内肥瘦肉之比也要合适,肥膘过多,人吃后会感到饺子馅过于油腻,饺子易出现瘪肚现象,让人感到饺馅过少;肥膘过少,口感欠佳。水饺馅的加水量对水饺品质也会产生影响,加水越多,速冻后肉馅膨胀系数增加的可能性越大,从而裂纹机率增加。饺子馅要搅拌充分,否则会出现水分外溢、馅汁分离现象,而且速冻后的饺子颜色加深、发暗,缺乏光泽,煮熟后易出现走油、漏馅、穿底等不良现象。但是如果水太少,会造成口感风味劣化。一般情况下饺子馅在满足口感风味的要求下应尽量少加水。水饺馅大小要均匀,不能过大,否则不利于水饺的成型,且蒸煮时容易出现生馅及皮烂现象。

### 五、其他因素的影响

饺子皮与馅的比例对水饺的成型影响也较大,馅心占饺子的比例一般控制在 60 % ~70 %,这样水饺才饱满。皮馅比不合理等原因也会对水饺的冻裂率有一定影响,馅太多,容易把饺子皮胀破。饺子在成型时尽可能使饺子上附着的面粉少一些,否则也会影响成品饺子的色泽及外观。同时,饺子在运输的过程中,要保持温度的恒定,防止温度的波动。总之,影响速冻饺子品质的因素较多,在生产过程中必须严格控制好每一个环节,这样才能保证产品的质量满足消费者的需求。

# 第四节 速冻饺子的生产设备

## 一、速冻饺子生产线

工厂中生产速冻饺子的方式都是以生产线方式进行流水作业。一条生产线由几部分组成,包括原料的选取、原料的处理、饺子馅料的制备、饺子皮的制备、饺子的制作、饺子的速冻、装袋、检测、包装、入库等。每个环节有各自的专业人员负责。

原料的选取环节,用到的仪器设备,主要是检测仪器,用以检测原料的品质。原料的处理环节,主要靠机械工作,如绞肉机将肉绞碎,和面机将面粉和成面团,切菜机将洗好的菜切碎等等。饺子馅料制备环节使用搅拌机将处理好的原料搅拌混匀。饺子皮的制备,可以依靠饺子皮机,也可以人工擀皮,一般采用饺子皮机。饺子的制作环节,一般直接将面团和饺子馅料放入饺子机中,直接生产出成型饺子,也有工厂采用人工制作饺子的。饺子速冻环节依靠速冻装置将制作好的饺子速冻。目前我国速冻装置多采用鼓风冻结装置、接触式冻结装置、液氮喷淋式冻结装置等。装袋环节多采用自动装置系统,也可采用人工装袋。检测环节采用检测仪器作业。包装和入库环节多采用人工作业。

　　此外由于现在竞争日益激烈,怎样降低成本,增加自身竞争力,成为了每个速冻饺子生产厂商首要考虑的问题。物价的增高,人工成本的增加,用机械逐渐代替人工成为一条降低成本的途径。

　　下面介绍工厂生产速冻饺子的生产线上一些必备的机械。表5-1介绍的是生产能力240kg/h的速冻饺子生产设备组合明细。

表5-1　240kg/h 的速冻饺子生产设备组合明细

| 序号 | 型号 | 设备名称 | 数量 | 说明 |
|---|---|---|---|---|
| 1 | JGL120-5B | 饺子自动成型机 | 2~3台 | 也可选 JGL135 和 JGL180 |
| 2 | HWT50 | 和面积 | 2台 | 用于和制面团 |
| 3 | DPX45 | 切馅机 | 1台 | 将素菜切成颗粒 |
| 4 | BWL100 | 拌馅机 | 2台 | 肉、菜、调料放入搅拌 |
| 5 | SDT240 | 提升式速冻机 | 1台 | 可配电脑程控 |
| 6 | SSJ35 | 食品输送机 | 1台 | 输送食品 |
| 7 | RF-1280 | 蔬菜脱水机 | 2台 | 挤压菜馅脱水 |
| 8 | 组装 | 原材料冷藏库 | 1个 | 冷藏存放原材料 |
| 9 | 组装 | 成品冷藏库 | 1个 | 低温冷藏成品 |
| 10 | 按需配置 | 其他 | 若干 | 周转车、器皿等 |

## 二、设备及其使用

　　目前速冻饺子生产工厂生产速冻饺子的生产线上,饺子成型机是必不可少的机械。饺子成型机又称水饺机、饺子机械、饺子机器,主要是指把和好的面和调好的馅放到机器的指定入料口,开动机器就可以生产出成品饺子,该设备具有生产速度快、成品高、省时省力等优点。

　　现在就介绍两种型号的饺子机:80 型和 120 型的技术参数。

表5-2 80型和120型饺子成型机的技术参数

| 产品型号 | JGT-80型 | JGT-120型 |
|---|---|---|
| 效率/个/h | 4800 | 7200 |
| 饺子重量(标配)/g | 13~16 | 15~18 |
| 总功率/(kW) | 1.5/220 | 1.5/220 |
| 机器重量/kg | 110 | 160 |
| 机器尺寸/mm | 670×420×730 | 990×470×1150 |
| 包装尺寸/mm | 805×575×870 | 1050×600×1250 |
| 装箱重量(机重)/kg | 150 | 220 |

饺子成型机特点:

**1. 结构科学,自动成型**

按照饺子的成型特点,采用双控双向同步定量供料原理,生产时不需另制面带,只需将面团与馅料放入指定入口,开机即可自动生产出饺子。

**2. 操作简便,可控性强**

面皮厚度与馅量可根据实际需要自行调整;生产出的饺子,皮薄馅满,生产速度快,饺子生产速度可达4800个/h。

**3. 设计独特,一机多用**

只需更换模具,就可以制造出不同形状、不同规格的面点食品。如,普通饺子、花边饺子、四方饺、锅贴、春卷、咖喱角、馄饨、面条等。包制出来的饺子可蒸、煮、炸、煎,适合多种料理。最重要的是制作出的饺子均适合急速冷冻、耐贮藏。

**4. 操作简便省时省力**

人工捏制饺子耗时费工,尤其目前在劳工严重缺乏的情形下,更是令大多数的老板烦恼不已,自动饺子机操作简便,无经验者也可操作,制造速度快,大大提高生产能力,有利于提高经济效益。

**5. 选材精良,精工制造**

为了适应现代食品行业的安全、卫生要求,饺子成型机的主要部件采用食品专用不锈钢材料生产,输面及成型部件采用特种防粘结技术材料精工制造,阻力小、成型好,耐磨耐压,拆装、清洗方便,经久耐用。同时兼顾卫生与美观两大优点。

总之,在这样一个快节奏的时代,速冻饺子的机械化生产无疑提高了速冻饺子生产厂商生产的效率,然而,在选购饺子成型机时,一定要看准品牌及型号,选出合适的饺子机,提高生产效率。

# 第六章 水饺加工实例

## 第一节 猪肉馅水饺加工实例

### 一、猪肉白菜水饺

【原料】面粉1500g,猪肉末、白菜各900g,植物油、香油、酱油、精盐、鸡精、花椒粉、葱姜末各适量。

【制作】

1. 猪肉末中加入葱姜末、花椒粉、酱油、少许水搅打成糊;白菜洗净剁成末,挤去水分,加入植物油搅拌均匀,放入调好的猪肉末中,加入少许鸡精、香油拌匀成馅,在捏制之前再加入适量精盐,防止因馅料出水,而使馅料的鲜味流失。

2. 将面粉用温水搅拌均匀和好,放入盆内,盖上湿布饧30min。当面团饧好后,取出,搓成长条,切成圆剂子,撒上干面粉,擀成饺子皮,包入适量馅料,对折捏紧成饺子。

3. 锅内添水烧开,下入饺子搅动,防止粘锅,待水再次烧开之后淋入少许清水,煮至饺子浮起熟透,捞出盛入盘内即可食用。

### 二、猪肉芹菜水饺

【原料】面粉2250g,猪肉末900g,芹菜1500g,植物油、香油、酱油、精盐、鸡精、五香粉、葱姜末各适量。

【制作】

1. 猪肉末中加入葱姜末、五香粉、酱油、少许水搅打成糊;芹菜择洗干净切成末,加入植物油搅拌均匀,稍挤一下,放入调好的猪肉末中,加入少许鸡精、香油拌匀成馅,在捏制之前再加入适量精盐,防止因馅料出水,而使馅料的鲜味流失。

2.将面粉用温水搅拌均匀和好,放入盆内,盖上湿布饧 30min,当面团饧好后,取出,搓成长条,切成圆剂子,撒上干面粉,擀成饺子皮,包入适量馅料,对折捏紧成饺子。

3.锅内添水烧开,下入饺子搅动,防止粘锅,待水再次烧开之后淋入少许清水,煮至饺子浮起熟透,捞出盛入盘内即可食用。

### 三、猪肉韭菜水饺

【原料】面粉 1500g,猪肉末、韭菜各 900g,植物油、香油、酱油、精盐、鸡精、花椒粉、葱姜末各适量。

【制作】

1.猪肉末中加入葱姜末、花椒粉、酱油、少许水搅打成糊;韭菜择洗干净切成末,加入植物油搅拌均匀,放入调好的猪肉末中,加入少许鸡精、香油拌匀成馅,在捏制之前再加入适量精盐,防止因馅料出水,而使馅料的鲜味流失。

2.将面粉用温水搅拌均匀和好,放入盆内,盖上湿布饧 30min,当面团饧好后,取出,搓成长条,切成圆剂子,撒上干面粉,擀成饺子皮,包入适量馅料,对折捏紧成饺子。

3.锅内添水烧开,下入饺子搅动,防止粘锅,待水再次烧开后淋入少许清水,煮至饺子浮起熟透,捞出盛入盘内即可食用。

### 四、猪肉韭菜花水饺

【原料】面粉 1500g,猪肉末 900g,韭菜花 1500g,香菇 300g,植物油、香油、酱油、精盐、鸡精、花椒粉、葱姜末各适量。

【制作】

1.猪肉末中加入葱姜末、花椒粉、酱油、少许水搅打成糊;韭菜花、香菇洗净切成末,加入植物油搅拌均匀,放入调好的猪肉末中,加入少许鸡精、香油拌匀成馅,在捏制之前再加入适量精盐,防止因馅料出水,而使馅料的鲜味流失。

2.将面粉用温水搅拌均匀和好,放入盆内,盖上湿布饧30min,当面团饧好后,取出,搓成长条,切成圆剂,撒上干面粉,擀成饺子皮,包入适量馅料,对折捏紧成饺子。

3.锅内添水烧开,下入饺子搅动,防止粘锅,待水再次烧开后淋入少许清水,煮至饺子浮起熟透,捞出盛入盘内即可食用。

### 五、猪肉鲜藕水饺

【原料】面粉1500g,猪肉末、鲜藕各900g,植物油、香油、酱油、精盐、鸡精、花椒粉、葱姜末各适量。

【制作】

1.猪肉末中加入葱姜末、花椒粉、酱油、少许水搅打成糊;鲜藕洗净剁成末,加入植物油搅拌均匀,放入调好的猪肉末中,加入少许鸡精、香油拌匀成馅,在捏制之前再加入适量精盐,防止因馅料出水,而使馅料的鲜味流失。

2.将面粉用温水搅拌均匀和好,放入盆内,盖上湿布饧30min,当面团饧好后,取出,搓成长条,切成圆剂,撒上干面粉,擀成饺子皮,包入适量馅料,对折捏紧成饺子。

3.锅内添水烧开,下入饺子搅动,防止粘锅,待水再次烧开后淋入少许清水,煮至饺子浮起熟透,捞出盛入盘内即可食用。

### 六、猪肉西葫芦水饺

【原料】面粉1500g,猪肉末1500g,西葫芦300g,植物油、香油、酱油、精盐、鸡精、花椒粉、葱姜末各适量。

【制作】

1.猪肉末中加入葱姜末、花椒粉、酱油搅打成糊;西葫芦洗净剁成末,挤去水分,加入植物油搅拌均匀,放入调好的猪肉末中,加入少许鸡精、香油拌匀成馅,在捏制之前再加入适量精盐,防止因馅料出水,而使馅料的鲜味流失。

2.将面粉用温水搅拌均匀和好,放入盆内,盖上湿布饧30min,当面团饧好后,取出,搓成长条,切成圆剂,撒上干面粉,擀成饺子皮,包入适量馅料,对折捏紧成饺子。

3.锅内添水烧开,下入饺子搅动,防止粘锅,待水再次烧开后淋入少许清水,煮至饺子浮起熟透,捞出盛入盘内即可食用。

### 七、猪肉扁豆水饺

【原料】面粉1500g,猪肉末、嫩扁豆各900g,植物油、香油、酱油、精盐、鸡精、花椒粉、葱姜末各适量。

【制作】

1.猪肉末中加入葱姜末、花椒粉、酱油、少许水搅打成糊;扁豆择洗干净焯一下,剁成末,加入植物油搅拌均匀,放入调好的猪肉末中,加入少许鸡精、香油拌匀成馅,在捏制之前再加入适量精盐,防止因馅料出水,而使馅料的鲜味流失。

2.将面粉用温水搅拌均匀和好,放入盆内,盖上湿布饧30min,当面团饧好后,取出,搓成长条,切成圆剂,撒上干面粉,擀成饺子皮,包入适量馅料,对折捏紧成饺子。

3.锅内添水烧开,下入饺子搅动,防止粘锅,待水再次烧开后淋入少许清水,煮至饺子浮起熟透,捞出盛入盘内即可食用。

### 八、猪肉豇豆水饺

【原料】面粉1500g,猪肉末、豇豆各900g,植物油、香油、精盐、鸡精、花椒粉、葱姜末各适量。

【制作】

1.猪肉末中下入热油锅内,加入葱姜末、花椒粉煸炒片刻;豇豆择洗干净,下入开水锅内焯一下,捞出过凉剁成末,放入调好的猪肉末内,加入少许鸡精、香油拌匀成馅,在捏制之前再加入适量精盐,防止因馅料出水,而使馅料的鲜味流失。

2.将面粉用温水搅拌均匀和好,放入盆内,盖上湿布饧30min,当面团饧好后,取出,搓成长条,切成圆剂,撒上干面粉,擀成饺子皮,包入适量馅料,对折捏紧成饺子。

3.锅内添水烧开,下入饺子搅动,防止粘锅,待水再次烧开后淋入少许清水,煮至饺子浮起熟透,捞出盛入盘内即可食用。

### 九、猪肉绿豆芽水饺

【原料】面粉1500g,猪肉末900g,绿豆芽1500g,植物油、香油、酱油、精盐、鸡精、花椒粉、葱姜末各适量。

【制作】

1.猪肉末中加入葱姜末、花椒粉、酱油搅打成糊;绿豆芽洗净焯一下,切碎,加入植物油搅拌均匀,放入调好的猪肉末内,加入少许鸡精、香油拌匀成馅,在捏制之前再加入适量精盐,防止因馅料出水,而使馅料的鲜味流失。

2.将面粉用温水搅拌均匀和好,放入盆内,盖上湿布饧30min,当面团饧好后,取出,搓成长条,切成圆剂,撒上干面粉,擀成饺子皮,包入适量馅料,对折捏紧成饺子。

3.锅内添水烧开,下入饺子搅动,防止粘锅,待水再次烧开后淋入少许清水,煮至饺子浮起熟透,捞出盛入盘内即可食用。

### 十、猪肉姜芽水饺

【原料】面粉1500g,猪肉末900g,嫩姜芽200g,植物油、香油、酱油、精盐、鸡精、花椒粉、葱末各适量。

【制作】

1.将嫩姜芽洗净剁成末,加入猪肉末、葱末、花椒粉、酱油、鸡精、香油拌匀成馅。在捏制之前再加入适量精盐,防止因馅料出水,而使馅料的鲜味流失。

2.将面粉用温水搅拌均匀和好,放入盆内,盖上湿布饧30min,当面团饧好后,取出,搓成长条,切成圆剂,撒上干面粉,擀成饺子皮,包入适量馅料,对折捏紧成饺子。

3.锅内添水烧开,下入饺子搅动,防止粘锅,待水再次烧开后淋入少许清水,煮至饺子浮起熟透,捞出盛入盘内即可食用。

## 十一、猪肉土豆水饺

【原料】面粉 1500g,猪肉末、土豆各 900g,植物油、香油、酱油、精盐、鸡精、花椒粉、葱姜末各适量。

【制作】

1. 猪肉末中加入葱姜末、花椒粉、酱油、少许水搅打成糊;土豆去皮洗净切成细丝,用清水洗去淀粉,下入开水锅内略焯,捞出控水剁成末,加入植物油搅拌均匀,放入调好的猪肉末内,加入少许鸡精、香油拌匀成馅,在捏制之前再加入适量精盐,防止因馅料出水,而使馅料的鲜味流失。

2. 将面粉用温水搅拌均匀和好,放入盆内,盖上湿布饧 30min,当面团饧好后,取出,搓成长条,切成圆剂,撒上干面粉,擀成饺子皮,包入适量馅料,对折捏紧成饺子。

3. 锅内添水烧开,下入饺子搅动,防止粘锅,待水再次烧开后淋入少许清水,煮至饺子浮起熟透,捞出盛入盘内即可食用。

## 十二、猪肉茴香水饺

【原料】面粉 1500g,猪肉末 900g,茴香 1500g,植物油、香油、酱油、甜面酱、精盐、鸡精、花椒粉、葱姜末各适量。

【制作】

1. 猪肉末中加入葱姜末、花椒粉、甜面酱、酱油、少许水搅打成糊;茴香择洗干净切成末,加入植物油搅拌均匀,放入调好的猪肉末内,加入少许鸡精、香油拌匀成馅,在捏制之前再加入适量精盐,防止因馅料出水,而使馅料的鲜味流失。

2. 将面粉用温水搅拌均匀和好,放入盆内,盖上湿布饧 30min,当面团饧好后,取出,搓成长条,切成圆剂,撒上干面粉,擀成饺子皮,包入适量馅料,对折捏紧成饺子。

3.锅内添水烧开,下入饺子搅动,防止粘锅,待水再次烧开后淋入少许清水,煮至饺子浮起熟透,捞出盛入盘内即可食用。

### 十三、猪肉冬瓜水饺

【原料】面粉1500g,猪肉末900g,冬瓜1500g,植物油、香油、酱油、精盐、鸡精、花椒粉、葱姜末各适量。

【制作】

1.猪肉末中加入葱姜末、花椒粉、酱油搅打成糊;冬瓜去皮、瓤洗净,擦成丝,挤干水分,加入植物油搅拌均匀,放入调好的猪肉末内,加入少许鸡精、香油拌匀成馅,在捏制之前再加入适量精盐,防止因馅料出水,而使馅料的鲜味流失。

2.将面粉用温水搅拌均匀和好,放入盆内,盖上湿布饧30min,当面团饧好后,取出,搓成长条,切成圆剂,撒上干面粉,擀成饺子皮,包入适量馅料,对折捏紧成饺子。

3.锅内添水烧开,下入饺子搅动,防止粘锅,待水再次烧开后淋入少许清水,煮至饺子浮起熟透,捞出盛入盘内即可食用。

### 十四、猪肉胡萝卜水饺

【原料】面粉1500g,猪肉末、胡萝卜各900g,植物油、香油、酱油、精盐、鸡精、花椒粉、葱姜末各适量。

【制作】

1.猪肉末中加入葱姜末、花椒粉、酱油、少许水搅打成糊;胡萝卜洗净剁成末,下入热油锅内略焯,放入调好的猪肉末内,加入少许鸡精、香油拌匀成馅,在捏制之前再加入适量精盐,防止因馅料出水,而使馅料的鲜味流失。

2.将面粉用温水搅拌均匀和好,放入盆内,盖上湿布饧30min,当面团饧好后,取出,搓成长条,切成圆剂,撒上干面粉,擀成饺子皮,包入适量馅料,对折捏紧成饺子。

3.锅内添水烧开,下入饺子搅动,防止粘锅,待水再次烧开后淋入少许清水,煮至饺子浮起熟透,捞出盛入盘内即可食用。

### 十五、猪肉青椒水饺

【原料】面粉 1500g,猪肉末、青椒各 900g,植物油、香油、酱油、精盐、鸡精、花椒粉、葱姜末各适量。

【制作】

1. 猪肉末中加入葱姜末、花椒粉、酱油、少许水搅打成糊;青椒去蒂、去籽,洗净剁成末,加入植物油搅拌均匀,放入调好的猪肉末内,加入少许鸡精、香油拌匀成馅,在捏制之前再加入适量精盐,防止因馅料出水,而使馅料的鲜味流失。

2. 将面粉用温水搅拌均匀和好,放入盆内,盖上湿布饧 30min,当面团饧好后,取出,搓成长条,切成圆剂,撒上干面粉,擀成饺子皮,包入适量馅料,对折捏紧成饺子。

3. 锅内添水烧开,下入饺子搅动,防止粘锅,待水再次烧开后淋入少许清水,煮至饺子浮起熟透,捞出盛入盘内即可食用。

### 十六、猪肉黄瓜水饺

【原料】面粉 1500g,猪肉末 900g,黄瓜 800g,植物油、香油、酱油、精盐、鸡精、花椒粉、葱姜末各适量。

【制作】

1. 猪肉末中加入葱姜末、花椒粉、酱油、少许水搅打成糊;黄瓜洗净擦成丝,挤干水分,加入植物油搅拌均匀,放入调好的猪肉末内,加入少许鸡精、香油拌匀成馅,在捏制之前再加入适量精盐,防止因馅料出水,而使馅料的鲜味流失。

2. 将面粉用温水搅拌均匀和好,放入盆内,盖上湿布饧 30min,当面团饧好后,取出,搓成长条,切成圆剂,撒上干面粉,擀成饺子皮,包入适量馅料,对折捏紧成饺子。

3. 锅内添水烧开,下入饺子搅动,防止粘锅,待水再次烧开后淋入少许清水,煮至饺子浮起熟透,捞出盛入盘内即可食用。

### 十七、猪肉香菇水饺

【原料】面粉1500g,猪肉末900g,香菇250g,植物油、香油、酱油、精盐、鸡精、花椒粉、葱姜末各适量。

【制作】

1. 猪肉末中加入葱姜末、花椒粉、酱油、少许水搅打成糊;香菇洗净剁成末,放入调好的猪肉末内,加入少许鸡精、香油拌匀成馅,在捏制之前再加入适量精盐,防止因馅料出水,而使馅料的鲜味流失。

2. 将面粉用温水搅拌均匀和好,放入盆内,盖上湿布饧30min,当面团饧好后,取出,搓成长条,切成圆剂,撒上干面粉,擀成饺子皮,包入适量馅料,对折捏紧成饺子。

3. 锅内添水烧开,下入饺子搅动,防止粘锅,待水再次烧开后淋入少许清水,煮至饺子浮起熟透,捞出盛入盘内即可食用。

### 十八、猪肉玉米笋水饺

【原料】面粉1500g,猪肉末900g,玉米笋750g,植物油、香油、酱油、精盐、鸡精、花椒粉、葱姜末各适量。

【制作】

1. 猪肉末中加入葱姜末、花椒粉、酱油、少许水搅打成糊;玉米笋剁成末,放入调好的猪肉末内,加入少许植物油、鸡精、香油拌匀成馅,在捏制之前再加入适量精盐,防止因馅料出水,而使馅料的鲜味流失。

2. 将面粉用温水搅拌均匀和好,放入盆内,盖上湿布饧30min,当面团饧好后,取出,搓成长条,切成圆剂,撒上干面粉,擀成饺子皮,包入适量馅料,对折捏紧成饺子。

3. 锅内添水烧开,下入饺子搅动,防止粘锅,待水再次烧开后淋入少许清水,煮至饺子浮起熟透,捞出盛入盘内即可食用。

### 十九、猪肉茭白水饺

【原料】面粉1500g,猪肉末900g,茭白1500g,植物油、香油、酱油、精盐、鸡精、花椒粉、葱姜末各适量。

【制作】

1. 猪肉末中加入葱姜末、花椒粉、酱油、少许水搅打成糊;茭白去外皮洗净剁成末,放入调好的猪肉末内,加入少许植物油、鸡精、香油拌匀成馅,在捏制之前再加入适量精盐,防止因馅料出水,而使馅料的鲜味流失。

2. 将面粉用温水搅拌均匀和好,放入盆内,盖上湿布饧30min,当面团饧好后,取出,搓成长条,切成圆剂,撒上干面粉,擀成饺子皮,包入适量馅料,对折捏紧成饺子。

3. 锅内添水烧开,下入饺子搅动,防止粘锅,待水再次烧开后淋入少许清水,煮至饺子浮起熟透,捞出盛入盘内即可食用。

## 二十、猪肉茄子水饺

【原料】面粉1500g,猪肉末900g,茄子1500g,植物油、香油、酱油、精盐、鸡精、花椒粉、葱姜末各适量。

【制作】

1. 猪肉末中加入葱姜末、花椒粉、酱油、少许水搅打成糊;茄子洗净剁成末,加入植物油拌匀,放入调好的猪肉末内,加入少许鸡精、香油拌匀成馅,在捏制之前再加入适量精盐,防止因馅料出水,而使馅料的鲜味流失。

2. 将面粉用温水搅拌均匀和好,放入盆内,盖上湿布饧30min,当面团饧好后,取出,搓成长条,切成圆剂,撒上干面粉,擀成饺子皮,包入适量馅料,对折捏紧成饺子。

3. 锅内添水烧开,下入饺子搅动,防止粘锅,待水再次烧开后淋入少许清水,煮至饺子浮起熟透,捞出盛入盘内即可食用。

## 二十一、猪肉香菜水饺

【原料】面粉1500g,猪肉末900g,香菜1500g,植物油、香油、酱油、精盐、鸡精、花椒粉、葱姜末各适量。

【制作】

1. 猪肉末中加入葱姜末、花椒粉、酱油、少许水搅打成糊;香菜择洗干净切成末,加入植物油,放入调好的猪肉末内,加入少许鸡精、香油拌匀成馅,在捏制之前再加入适量精盐,防止因馅料出水,而使馅料的鲜味流失。

2. 将面粉用温水搅拌均匀和好,放入盆内,盖上湿布饧30min,当面团饧好后,取出,搓成长条,切成圆剂,撒上干面粉,擀成饺子皮,包入适量馅料,对折捏紧成饺子。

3. 锅内添水烧开,下入饺子搅动,防止粘锅,待水再次烧开后淋入少许清水,煮至饺子浮起熟透,捞出盛入盘内即可食用。

## 二十二、猪肉瓜皮水饺

【原料】面粉1500g,猪肉末900g,西瓜皮1500g,香油、鸡精、精盐、葱姜末、虾仁各适量。

【制作】

1. 将西瓜皮去瓤,外皮洗净,擦成细丝;虾仁剁碎;放入猪肉末,加入少许鸡精、香油、葱姜末拌匀成馅,在捏制之前再加入适量精盐,防止因馅料出水,而使馅料的鲜味流失。

2. 将面粉用温水搅拌均匀和好,放入盆内,盖上湿布饧30min,当面团饧好后,取出,搓成长条,切成圆剂,撒上干面粉,擀成饺子皮,包入适量馅料,对折捏紧成饺子。

3. 锅内添水烧开,下入饺子搅动,防止粘锅,待水再次烧开后淋入少许清水,煮至饺子浮起熟透,捞出盛入盘内即可食用。

## 二十三、猪肉酸菜水饺

【原料】面粉1500g,猪肉末400g,酸菜1500g,植物油、香油、酱油、精盐、鸡精、花椒粉、葱姜末各适量。

【制作】

1. 猪肉末中加入葱姜末、花椒粉、酱油、少许水搅打成糊;酸菜洗净剁成末,挤去水分,加入植物油拌匀,再放入调好的猪肉末内,加入少许鸡精、香油拌匀成馅,在捏制之前再加入适量精盐,防止因馅料出水,而使馅料的鲜味流失。

2.将面粉用温水搅拌均匀和好,放入盆内,盖上湿布饧30min,当面团饧好后,取出,搓成长条,切成圆剂,撒上干面粉,擀成饺子皮,包入适量馅料,对折捏紧成饺子。

3.锅内添水烧开,下入饺子搅动,防止粘锅,待水再次烧开后淋入少许清水,煮至饺子浮起熟透,捞出盛入盘内即可食用。

## 二十四、猪肉虾菇水饺

【原料】面粉1500g,猪肉末200g,鸡蛋15个,虾仁、水发香菇各300g,植物油、香油、酱油、鸡汤、精盐、花椒粉、葱姜末各适量。

【制作】

1.猪肉末中加入葱姜末、花椒粉、酱油、少许水搅打成糊;虾仁、香菇切成末,放入调好的猪肉末内,加入少许植物油、香油拌匀成馅,在捏制之前再加入适量精盐,防止因馅料出水,而使馅料的鲜味流失。

2.将面粉磕入鸡蛋,加温水搅拌均匀和好,放入盆内,盖上湿布饧30min,当面团饧好后,取出,搓成长条,切成圆剂,撒上干面粉,擀成饺子皮,包入适量馅料,对折捏紧成饺子。

3.锅内添入鸡汤烧开,下入饺子搅动,待水烧开后淋入少许清水,煮至饺子浮起熟透,捞出盛入盘内即可食用。

## 二十五、猪肉榨菜水饺

【原料】面粉1500g,猪肉末900g,榨菜、虾仁各450g,植物油、精盐、香油、酱油、花椒粉、葱姜末各适量。

【制作】

1.将虾仁、榨菜剁成末,同猪肉末一起混合,加入葱姜末、花椒粉、酱油、少许水搅打成糊,再加入少许植物油、香油拌匀成馅,在捏制之前再加入适量精盐,防止因馅料出水,而使馅料的鲜味流失。

2.将面粉用温水搅拌均匀和好,放入盆内,盖上湿布饧30min,当面团饧好后,取出,搓成长条,切成圆剂,撒上干面粉,擀成饺子皮,包如入适量馅料,对折捏紧成饺子。

3. 锅内添水烧开,下入饺子搅动,防止粘锅,待水再次烧开后淋入少许清水,煮至饺子浮起熟透,捞出盛入盘内即可食用。

## 二十六、猪肉鲜鱼水饺

【原料】面粉1500g,猪肉末200g,净鱼肉900g,植物油、香油、酱油、精盐、葱姜末各适量。

【制作】

1. 将鱼肉剁成末,同猪肉末一起混合,再加入葱姜末、酱油、少许水搅打成糊,再加入植物油、精盐、香油搅拌均匀成馅料备用。

2. 将面粉用温水搅拌均匀和好,放入盆内,盖上湿布饧30min,当面团饧好后,取出,搓成长条,切成圆剂,撒上干面粉,擀成饺子皮,包入适量馅料,对折捏紧成饺子。

3. 锅内添水烧开,下入饺子搅动,防止粘锅,待水再次烧开后淋入少许清水,煮至饺子浮起熟透,捞出盛入盘内即可食用。

## 二十七、猪肉海参水饺

【原料】面粉1500g,猪肉末900g,韭菜、海参各450g,植物油、香油、酱油、精盐、鸡精、花椒粉、葱姜末各适量。

【制作】

1. 将韭菜择洗干净切成末;海参剖开去泥沙,洗净切成末。

2. 将猪肉末、韭菜末、海参末混合,加入葱姜末、花椒粉、酱油、植物油以及少许鸡精、香油拌匀成馅,在捏制之前再加入适量精盐,防止因馅料出水,而使馅料的鲜味流失。

3. 将面粉用温水搅拌均匀和好,放入盆内,盖上湿布饧30min,当面团饧好后,取出,搓成长条,切成圆剂,撒上干面粉,擀成饺子皮,包入适量馅料,对折捏紧成饺子。

4. 锅内添水烧开,下入饺子搅动,防止粘锅,待水再次烧开后淋入少许清水,煮至饺子浮起熟透,捞出盛入盘内即可食用。

### 二十八、猪肉三菇水饺

【原料】面粉 1500g,猪肉末 900g,香菇、平菇、草菇各 150g,植物油、香油、酱油、精盐、鸡精、花椒粉、葱姜末各适量。

【制作】

1.将香菇、平菇、草菇洗净剁成末,同猪肉末混合,加入植物油、香油、精盐、鸡精、花椒粉、葱姜末、水搅拌均匀成黏稠馅料备用。

2.将面粉用温水搅拌均匀和好,放入盆内,盖上湿布饧 30min,当面团饧好后,取出,搓成长条,切成圆剂,撒上干面粉,擀成饺子皮,包入适量馅料,对折捏紧成饺子。

3.锅内添水烧开,下入饺子搅动,防止粘锅,待水再次烧开后淋入少许清水,煮至饺子浮起熟透,捞出盛入盘内即可食用。

### 二十九、猪肉松仁水饺

【原料】面粉 1500g,猪肉末 900g,松仁、玉米粒、豌豆各 50g,植物油、香油、醋、辣椒油、精盐、鸡精、白糖、葱姜末、蒜蓉各适量。

【制作】

1.将松仁、玉米粒、豌豆、猪肉末混合,加入植物油、香油、精盐、鸡精、白糖、葱姜末、水拌匀成馅。

2.将面粉用温水搅拌均匀和好,放入盆内,盖上湿布饧 30min,当面团饧好后,取出,搓成长条,切成圆剂,撒上干面粉,擀成饺子皮,包入适量馅料,对折捏紧成饺子。

3.锅内添水烧开,下入饺子搅动,待水烧开后淋入少许清水,煮至饺子浮起熟透,捞出盛入盘内,蘸食醋、辣椒油、蒜蓉混合味汁即可食用。

### 三十、猪肉苋菜水饺

【原料】面粉 1500g,猪肉末 900g,苋菜 1500g,植物油、香油、酱油、精盐、鸡精、花椒粉、葱姜末各适量。

【制作】

1.猪肉末中加入葱姜末、花椒粉、酱油搅打成糊;苋菜择洗干净,下入开水锅内焯片刻,捞出挤干水分,切成末,加入植物油拌匀,放入调好的猪肉末,以及少许鸡精、香油拌匀成馅,在捏制之前再加入适量精盐,防止因馅料出水,而使馅料的鲜味流失。

2. 将面粉用温水搅拌均匀和好,放入盆内,盖上湿布饧30min,当面团饧好后,取出,搓成长条,切成圆剂,撒上干面粉,擀成饺子皮,包入适量馅料,对折捏紧成饺子。

3. 锅内添水烧开,下入饺子搅动,防止粘锅,待水再次烧开后淋入少许清水,煮至饺子浮起熟透,捞出盛入盘内即可食用。

## 三十一、猪肉老山芹水饺

【原料】面粉1500g,猪肉末900g,老山芹1500g,植物油、香油、酱油、精盐、鸡精、花椒粉、葱姜末各适量。

【制作】

1. 猪肉末中加入葱姜末、花椒粉、酱油搅打成糊;老山芹择洗干净,下入开水锅内焯片刻,捞出挤干水分,切成末,加入植物油拌匀,放入调好的猪肉末,加入少许鸡精、香油拌匀成馅,在捏制之前再加入适量精盐,防止因馅料出水,而使馅料的鲜味流失。

2. 将面粉用温水搅拌均匀和好,放入盆内,盖上湿布饧30min,当面团饧好后,取出,搓成长条,切成圆剂,撒上干面粉,擀成饺子皮,包入适量馅料,对折捏紧成饺子。

3. 锅内添水烧开,下入饺子搅动,防止粘锅,待水再次烧开后淋入少许清水,煮至饺子浮起熟透,捞出盛入盘内即可食用。

注:老山芹别名短毛独活,野菜风味,含丰富的膳食纤维,有清理肠道垃圾、降血脂、降血压、降血糖功效。

## 三十二、猪肉刺五加水饺

【原料】面粉1500g,猪肉末900g,刺五加叶1500g,植物油、香油、酱油、精盐、鸡精、花椒粉、葱姜末各适量。

【制作】

1. 猪肉末中加入葱姜末、花椒粉、酱油搅打成糊;刺五加叶洗干净,下入开水锅内焯片刻,捞出挤干水分,切成末,加入植物油拌匀,放入调好的猪肉末,再加入精盐、鸡精、香油,拌匀成馅备用。

2.将面粉用温水搅拌均匀和好,放入盆内,盖上湿布饧 30min,当面团饧好后,取出,搓成长条,切成圆剂,撒上干面粉,擀成饺子皮,包入适量馅料,对折捏紧成饺子。

3.锅内添水烧开,下入饺子搅动,防止粘锅,待水再次烧开后淋入少许清水,煮至饺子浮起熟透,捞出盛入盘内即可食用。

注:刺五加叶别名五加参,有小人参之称,含有丰富的胡萝卜素、维生素等营养成分。

### 三十三、猪肉刺嫩芽水饺

【原料】面粉 1500g,猪肉末 900g,刺嫩芽 1500g,植物油、香油、酱油、精盐、鸡精、花椒粉、葱姜末各适量。

【制作】

1.猪肉末中加入葱姜末、花椒粉、酱油搅打成糊;刺嫩芽择洗干净,下入开水锅内焯片刻,捞出挤干水分,切成末,加入植物油拌匀,放入调好的猪肉末,加入少许鸡精、香油拌匀成馅,在捏制之前再加入适量精盐,防止因馅料出水,而使馅料的鲜味流失。

2.将面粉用温水搅拌均匀和好,放入盆内,盖上湿布饧 30min,当面团饧好后,取出,搓成长条,切成圆剂,撒上干面粉,擀成饺子皮,包入适量馅料,对折捏紧成饺子。

3.锅内添水烧开,下入饺子搅动,防止粘锅,待水再次烧开后淋入少许清水,煮至饺子浮起熟透,捞出盛入盘内即可食用。

注:刺嫩芽又名刺老鸦、刺龙牙,含有大量维生素 A、B 族维生素等营养成分,被誉为"山菜之王",有补脑安神、增强精力的功效。

### 三十四、猪肉马齿苋水饺

【原料】面粉 1500g,猪肉末 900g,马齿苋 1500g,植物油、香油、酱油、精盐、鸡精、花椒粉、葱姜末各适量。

【制作】

1. 猪肉末中加入葱姜末、花椒粉、酱油搅打成糊；马齿苋择洗干净，下入开水锅内焯片刻，捞出挤干水分切成末，加入植物油拌匀，放入调好的猪肉末，加入少许鸡精、香油拌匀成馅，在捏制之前再加入适量精盐，防止因馅料出水，而使馅料的鲜味流失。

2. 将面粉用温水搅拌均匀和好，放入盆内，盖上湿布饧30min，当面团饧好后，取出，搓成长条，切成圆剂，撒上干面粉，擀成饺子皮，包入适量馅料，对折捏紧成饺子。

3. 锅内添水烧开，下入饺子搅动，防止粘锅，待水再次烧开后淋入少许清水，煮至饺子浮起熟透，捞出盛入盘内即可食用。

注：马齿苋含有丰富的维生素C、氨基酸、胡萝卜素、粗纤维等，是最常见的野菜之一，有益气、清暑热、润肠、降血糖等功效。

## 三十五、猪肉白蘑水饺

【原料】面粉1500g，猪肉末900g，白蘑900g，植物油、香油、酱油、精盐、鸡精、花椒粉、葱姜末各适量。

【制作】

1. 猪肉末中加入葱姜末、花椒粉、酱油搅打成糊；白蘑洗净切成末，加入植物油拌匀，放入调好的猪肉末，再加入少许鸡精、香油拌匀成馅，在捏制之前再加入适量精盐，防止因馅料出水，而使馅料的鲜味流失。

2. 将面粉用温水搅拌均匀和好，放入盆内，盖上湿布饧30min，当面团饧好后，取出，搓成长条，切成圆剂，撒上干面粉，擀成饺子皮，包入适量馅料，对折捏紧成饺子。

3. 锅内添水烧开，下入饺子搅动，防止粘锅，待水再次烧开后淋入少许清水，煮至饺子浮起熟透，捞出盛入盘内即可食用。

注：白蘑别名蒙古口蘑，野生食用菌，菌肉肥厚，质地细嫩，含有丰富的蛋白质、钙、磷、铁、维生素C等营养成分，具有清热解表、补中益气、养胃健脾、化痰理气的功效。

### 三十六、猪肉山茄子水饺

【原料】面粉 1500g,猪肉末 900g,山茄子 1500g,植物油、香油、酱油、精盐、鸡精、花椒粉、葱姜末各适量。

【制作】

1. 猪肉末中加入葱姜末、花椒粉、酱油搅打成糊;山茄子叶择洗干净,下入开水锅内焯片刻,捞出挤干水分,切成末,加入植物油拌匀,放入调好的猪肉末,再加入少许鸡精、香油拌匀成馅,在捏制之前再加入适量精盐,防止因馅料出水,而使馅料的鲜味流失。

2. 将面粉用温水搅拌均匀和好,放入盆内,盖上湿布饧 30min,当面团饧好后,取出,搓成长条,切成圆剂,撒上干面粉,擀成饺子皮,包入适量馅料,对折捏紧成饺子。

3. 锅内添水烧开,下入饺子搅动,防止粘锅,待水再次烧开后淋入少许清水,煮至饺子浮起熟透,捞出盛入盘内即可食用。

注:山茄子营养丰富,是口味极佳的山野菜。

### 三十七、猪肉仙人掌水饺

【原料】面粉 2250g,食用仙人掌 1500g,猪肉末 900g,植物油、香油、酱油、精盐、鸡精、白胡椒粉、葱姜末各适量。

【制作】

1. 将仙人掌去皮洗净剁碎,同猪肉末混合,加入植物油、酱油、葱姜末、白胡椒粉以及少许鸡精、香油拌匀成馅,在捏制之前再加入适量精盐,防止因馅料出水,而使馅料的鲜味流失。

2. 将面粉用温水搅拌均匀和好,放入盆内,盖上湿布饧 30min,当面团饧好后,取出,搓成长条,切成圆剂,撒上干面粉,擀成饺子皮,包入适量馅料,对折捏紧成饺子。

3. 锅内添水烧开,下入饺子搅动,防止粘锅,待水再次烧开后淋入少许清水,煮至饺子浮起熟透,捞出盛入盘内即可食用。

## 三十八、猪肉黄瓜香水饺

【原料】面粉 1500g,猪肉末 900g,黄瓜香 1500g,植物油、香油、酱油、精盐、鸡精、花椒粉、葱姜末各适量。

【制作】

1. 猪肉末中加入葱姜末、花椒粉、酱油少许搅打成糊;黄瓜香择洗干净,切成末,加入植物油拌匀,放入调好的猪肉末,再加入少许鸡精、香油拌匀成馅,在捏制之前再加入适量精盐,防止因馅料出水,而使馅料的鲜味流失。

2. 将面粉用温水搅拌均匀和好,放入盆内,盖上湿布饧 30min,当面团饧好后,取出,搓成长条,切成圆剂,撒上干面粉,擀成饺子皮,包入适量馅料,对折捏紧成饺子。

3. 锅内添水烧开,下入饺子搅动,防止粘锅,待水再次烧开后淋入少许清水,煮至饺子浮起熟透,捞出盛入盘内即可食用。

注:黄瓜香因具有黄瓜的清香而得名,是野生蕨类的一种,富含膳食纤维、氨基酸、维生素等,具有清热化痰、润肠益气等功效。

## 三十九、猪肉蕨菜水饺

【原料】面粉 1500g,猪肉末 900g,蕨菜 1500g,植物油、香油、酱油、精盐、鸡精、花椒粉、葱姜末各适量。

【制作】

1. 猪肉末中加入葱姜末、花椒粉、酱油搅打成糊;蕨菜择洗干净,切成末,加入植物油拌匀,放入调好的猪肉末内,再加入少许鸡精、香油拌匀成馅,在捏制之前再加入适量精盐,防止因馅料出水,而使馅料的鲜味流失。

2. 将面粉用温水搅拌均匀和好,放入盆内,盖上湿布饧 30min,当面团饧好后,取出,搓成长条,切成圆剂,撒上干面粉,擀成饺子皮,包入适量馅料,对折捏紧成饺子。

3. 锅内添水烧开,下入饺子搅动,防止粘锅,待水再次烧开后淋入少许清水,煮至饺子浮起熟透,捞出盛入盘内即可食用。

注:蕨菜清香适口,风味独特,富含维生素、蛋白质、碳水化合物等,具有清热利湿、益气安神的功效。

### 四十、猪肉骨汤水饺

【原料】面粉 1500g,猪肉末 450g,韭黄 1500g,虾仁 150g,菜心 300g,植物油、香油、黄酒、猪骨汤、精盐、鸡精、水发香菇、葱姜末各适量。

【制作】

1.将韭黄择洗干净切成末,虾仁剁成蓉,放入猪肉末一起加植物油、黄酒、葱姜末以及少许鸡精、香油拌匀成馅,在捏制之前再加入适量精盐,防止因馅料出水,而使馅料的鲜味流失。发好的香菇洗净切丁,菜心洗净。

2.将面粉用温水搅拌均匀和好,放入盆内,盖上湿布饧 30min,当面团饧好后,取出,搓成长条,切成圆剂,撒上干面粉,擀成饺子皮,包入适量馅料,对折捏紧成饺子。

3.锅内添骨头汤烧开,下入饺子搅动,防止粘锅,待水再次烧开后淋入少许清水,煮至饺子浮起熟透,再放入香菇丁、菜心略煮即可,同饺子一起盛碗内食用。

### 四十一、猪肉酸辣水饺(1)

【原料】面粉 1500g,猪肉末 900g,冬菜末 150g,植物油、香油、酱油、醋、辣椒油、胡椒粉、精盐、味精、花椒粉、熟芝麻、葱姜末各适量。

【制作】

1.猪肉末中加入植物油、葱姜末、花椒粉、精盐、香油、酱油拌匀成馅料备用。

2.将面粉用温水搅拌均匀和好,放入盆内,盖上湿布饧 30min,当面团饧好后,取出,搓成长条,切成圆剂,撒上干面粉,擀成饺子皮,包入适量馅料,对折捏紧成饺子。

3.将冬菜末、姜末、酱油、醋、味精、胡椒粉、辣椒油、芝麻、精盐、少许开水调匀成酸辣汁。

4.锅内添水烧开,下入饺子搅动,待水烧开后淋入少许清水,煮至饺子浮起熟透,捞出盛入碗内,淋入酸辣汁,撒入葱花即可食用。

## 四十二、猪肉酸辣水饺(2)

【原料】面粉1500g,猪肉末900g,鸡蛋10个,植物油、醋、白糖、味精、熟芝麻、辣椒油、淀粉、胡椒粉、精盐、葱姜末各适量。

【制作】

1.猪肉末中磕入3个鸡蛋,加入植物油、葱姜末、精盐、胡椒粉、味精拌匀成馅料备用。

2.将面粉磕入7个鸡蛋,用温水搅拌均匀和好,放入盆内,盖上湿布饧30min,当面团饧好后,取出,搓成长条,切成圆剂,撒上干面粉,擀成饺子皮,包入适量馅料,对折捏紧成饺子。

3.将醋、白糖、芝麻、精盐、葱姜末、味精、胡椒粉、辣椒油调匀成酸辣汁。

4.锅内添水烧开,下入饺子搅动,防止粘锅,待水再次烧开后淋入少许清水,煮至饺子浮起熟透,捞出盛入碗内,淋入酸辣汁即可。

## 四十三、猪肉菠饺鱼肚

【原料】面粉1500g,猪肉末900g,鱼肚300g,熟鸡肉150g,植物油、酱油、料酒、高汤、奶汤、菠菜汁、鸡油、火腿、精盐、味精、葱姜末各适量。

【制作】

1.猪肉末中加入植物油、酱油、精盐、味精、葱姜末拌匀成馅备用。

2.将面粉加入菠菜汁拌匀和成面团,放入盆内,盖上湿布饧30min,当面团饧好后,取出,搓成长条,切成圆剂,撒上干面粉,擀成饺子皮,包入适量馅料,对折捏紧成饺子,下入开水锅内煮熟待用。

3.将鱼肚洗净,下入热油锅内炸透,捞出用水冲去浮油,切成片,再下入烧开的高汤锅内,加料酒煨5min,捞起;火腿、鸡肉均切成片。

4.炒锅注油烧热,下入葱姜末爆香,倒入奶汤烧开,加入味精、胡椒粉、精盐,放入鱼肚、饺子、鸡肉片、火腿片煮2min,盛出装碗,淋入鸡油即可享用。

## 四十四、猪肉红油水饺

【原料】面粉1500g,猪肉末900g,香油、酱油、辣椒油、精盐、味精、白糖、花椒粉、葱末、姜汁、蒜蓉各适量。

【制作】

1.猪肉末中加入葱末、姜汁、花椒粉、花椒水、酱油、香油、精盐、味精搅打成黏稠的馅料备用;酱油、蒜蓉、白糖、辣椒油、味精凋匀成味汁。

2.将面粉用温水搅拌均匀和好,放入盆内,盖上湿布饧30min,当面团饧好后,取出,搓成长条,切成圆剂,撒上干面粉,擀成饺子皮,包入适量馅料,对折捏紧成饺子。

3.锅内添水烧开,下入饺子搅动,防止粘锅,待水再次烧开后淋入少许清水,煮至饺子浮起熟透,捞出盛入盘内,蘸食味汁即可享用。

## 四十五、猪肉"墨玉"水饺

【原料】面粉1500g,猪肉末900g,茄子1500g,香菇150g,植物油、料酒、香油、精盐、鸡精、花椒粉、葱姜末、鸡汤各适量。

【制作】

1.将茄子去皮洗净切块,用榨汁机榨出茄子汁备用;香菇切成末;猪肉末中加入葱姜末、香菇末、少许鸡汤搅成糊状,再放入料酒、植物油、香油、花椒粉、精盐、茄子碎屑拌匀成馅备用。

2.将面粉用茄汁搅拌均匀和好,放入盆内,盖上湿布饧30min,当面团饧好后,取出,搓成长条,切成圆剂,撒上干面粉,擀成饺子皮,包入适量馅料,对折捏紧成饺子。

3.锅内添水烧开,下入饺子搅动,防止粘锅,待水再次烧开后淋入少许清水,煮至饺子浮起熟透,捞出盛入盘内即可享用。

### 四十六、咖喱猪肉水饺

【原料】面粉1500g,猪肉末900g,洋葱末1500g,植物油、香油、精盐、白糖、咖喱粉、葱姜末各适量。

【制作】

1.将猪肉末中加入洋葱末、植物油、香油、精盐、白糖、咖喱粉、葱姜末拌匀成馅料备用。

2.将面粉用温水拌匀和好,放入盆内,盖上湿布饧30min,当面团饧好后,取出,搓成长条,切成圆剂,撒上干面粉,擀成饺子皮,包入适量馅料,对折捏紧成饺子。

3.锅内添水烧开,下入饺子搅动,防止粘锅,待水再次烧开后淋入少许清水,煮至饺子浮起熟透,捞出盛入盘内即可食用。

### 四十七、火腿冬瓜水饺

【原料】面粉1500g,火腿末200g,冬瓜1500g,植物油、香油、精盐、鸡精各适量。

【制作】

1.将冬瓜去皮、瓤洗净切成小块,下入开水锅内焯一下,捞出剁成蓉,挤去水分,加植物油拌匀,再放入火腿末、香油、精盐、鸡精拌匀成馅备用。

2.将面粉用温水搅拌均匀和好,放入盆内,盖上湿布饧30min,当面团饧好后,取出,搓成长条,切成圆剂,撒上干面粉,擀成饺子皮,包入适量馅料,对折捏紧成饺子。

3.锅内添水烧开,下入饺子搅动,防止粘锅,待水再次烧开后淋入少许清水,煮至饺子浮起熟透,捞出盛入盘内即可食用。

### 四十八、成都钟水饺

【原料】面粉 1500g,猪肉末 900g,香油、白酱油、胡椒粉、花椒水、味精、芽菜末、葱末各适量。

【制作】

1. 猪肉末中加入胡椒粉、花椒水搅打成黏稠的馅料;香油、白酱油、胡椒粉、味精、葱末、芽菜末调匀成味汁备用。

2. 将面粉用温水搅拌均匀和好,放入盆内,盖上湿布饧 30min,当面团饧好后,取出,搓成长条,切成圆剂,撒上干面粉,擀成饺子皮,包入适量馅料,对折捏紧成饺子。

3. 锅内添水烧开,下入饺子搅动,防止粘锅,待水再次烧开后淋入少许清水,煮至饺子浮起熟透,捞出盛入装有味汁的碗内即可享用。

### 四十九、鸳鸯水饺

【原料】面粉 1500g,猪肉末 900g,鸭胸肉 450g,蟹黄、虾仁各 300g,鸡蛋 12 个,香油、酱油、精盐、水发海参、白菜心、韭菜、葱姜末各适量。

【制作】

1. 将白菜心、韭菜洗净均切成末,蟹黄、虾仁剁成蓉,鸭胸肉剁成末,海参剖开洗净剁成末,蛋黄、蛋清分别磕入碗内。

2. 将猪肉末加香油、酱油、葱姜末、精盐、蟹黄、白菜末、韭菜末搅拌均匀;鸭胸肉末加香油、酱油、葱姜末、精盐、虾蓉、海参蓉搅拌均匀。

3. 将面粉分成两份,分别加入蛋黄、蛋清及水拌匀和好,均盖上湿布饧 30min,当面团饧好后,取出,各搓成长条,切成圆剂,撒上干面粉,擀成饺子皮,分别包入馅料,对折捏紧成月牙形饺子,将两种馅料饺子边对齐捏紧即成鸳鸯饺。

4. 锅内添水烧开,下入饺子搅动,防止粘锅,待水再次烧开后淋入少许清水,煮至饺子浮起熟透,捞出盛入盘内即可享用。

### 五十、猪肉蟹味水饺

【原料】面粉1500g,猪肥瘦肉末900g,蟹肉100g,白菜、水发冬菇各50g,鸡蛋6个,植物油、香油、料酒、白糖、精盐、鸡精、胡椒粉、干贝、葱姜末各适量。

【制作】

1.将白菜洗净剁成末,挤去水分;干贝装碗加少许水,上锅蒸熟撕碎;冬菇洗净剁成碎末;鸡蛋磕入碗内,加入精盐打散备用。

2.将猪肉末、蟹肉、干贝、白菜、冬菇加入精盐、鸡精、植物油、香油、白糖、胡椒粉、料酒、葱姜末搅拌均匀成馅料备用。

3.将面粉用温水搅拌均匀和好,放入盆内,盖上湿布饧30min,搓成长条,切成圆剂,撒上干面粉,擀成饺子皮,填入适量馅料,对折捏紧成饺子。

4.锅内添水烧开,下入饺子搅动,待水烧开后淋入少许清水,煮至饺子浮起熟透,捞出即可。

### 五十一、猪肉回头水饺

【原料】面粉1500g,猪肉末、白菜各900g,鸡蛋3个,植物油、香油、酱油、精盐、鸡精、香菜末、葱姜末各适量。

【制作】

1.猪肉末内磕入鸡蛋液,加入植物油、香油、酱油、精盐、葱姜末搅打成糊;白菜洗净剁成末,加入植物油、香油拌匀,放入猪肉末,再加入少许鸡精拌匀成馅,在捏制之前再加入适量精盐,防止因馅料出水,而使馅料的鲜味流失。

2.将面粉用温水搅拌均匀和好,放入盆内,盖上湿布饧30分钟,当面团饧好后,取出,分成两份,撒上干面粉,擀成两个薄片,取适量馅料顺序地放在一张面片上,再盖上另一张面片,用小酒盅扣在馅料位置上用力刻下,捏紧面皮边,两边对折成斗形即成回头饺坯。

3. 锅内添水烧开,下入饺子搅动,防止粘锅,待水再次烧开后淋入少许清水,煮至饺子浮起熟透,捞出盛入碗内加入香菜末、精盐、鸡精即可享用。

## 五十二、京味水饺

【原料】面粉1500g,猪肉末、鱼肉蓉、笋末各450g,植物油、香油、花椒粉、精盐、鸡精、葱姜末各适量。

【制作】

1. 将猪肉末、鱼肉蓉、笋末加入植物油、葱姜末、花椒粉以及少许鸡精、香油拌匀成馅,在捏制之前再加入适量精盐,防止因馅料出水,而使馅料的鲜味流失。

2. 将面粉加少许精盐,用温水搅拌均匀和好,放入盆内,盖上湿布饧30min,当面团饧好后,取出,搓成长条,切成圆剂,撒上干面粉,擀成饺子皮,包入适量馅料,对折捏紧成饺子。

3. 锅内添水烧开,下入饺子搅动,防止粘锅,待水再次烧开后淋入少许清水,煮至饺子浮起熟透,捞出盛入盘内即可食用。

## 五十三、江毛水饺

【原料】面粉1500g,猪肉末900g,酱油、香油、胡椒粉、虾仁末、冬菇末、葱末、猪骨汤各适量。

【制作】

1. 猪肉末内加入虾仁末、冬菇末、精盐、水搅拌均匀成糊;酱油、葱末、胡椒粉调匀成味汁装碗。

2. 将面粉用温水搅拌均匀和好,放入盆内,盖上湿布饧30min,当面团饧好后,取出,搓成长条,切成圆剂,撒上干面粉,擀成薄饺子皮,包入适量馅料,对折捏紧成饺子。

3. 锅内添入猪骨汤烧开,下入饺子搅动,防止粘锅,待水再次烧开后淋入少许清水,煮至饺子浮起熟透,捞出盛入装有味汁的碗内即可。

### 五十四、潮汕韭菜水饺

【原料】面粉1500g,猪肉末400g,韭菜1500g,虾仁50g,植物油、香油、精盐、鸡精、胡椒粉、苏打粉、淀粉各适量。

【制作】

1.将虾仁剁成末,同猪肉末混合,加入精盐、胡椒粉、香油、水搅拌均匀成糊;韭菜择洗干净切成末,加入植物油拌匀后再放入猪肉糊以及少许的鸡精、香油拌匀成馅,在捏制之前再加入适量精盐,防止因馅料出水,而使馅料的鲜味流失。

2.将面粉加温水、少许植物油搅拌均匀和好,放入盆内,盖上湿布饧30min,当面团饧好后,取出,搓成长条,切成圆剂,撒上干面粉,擀成薄饺子皮,填入适量馅料,对折捏紧成饺子。

3.锅内添水烧开,下入饺子搅动,防止粘锅,待水再次烧开后淋入少许清水,煮至饺子浮起熟透,捞出盛入盘内即可食用。

### 五十五、湘味水饺

【原料】面粉1500g,猪肉末1200g,韭菜900g,水发香菇150g,植物油、香油、酱油、精盐、鸡精、醋、辣椒末各适量。

【制作】

1.将猪肉末加精盐、香油、水搅匀成糊;水发香菇洗净切碎粒。

2.将韭菜择洗干净切成末,加入植物油拌匀,再放入猪肉末、香菇粒、精盐、鸡精搅拌成黏稠馅料。

3.将面粉用温水搅拌均匀和好,放入盆内,盖上湿布饧30min,当面团饧好后,取出,搓成长条,切成圆剂,撒上干面粉,擀成饺子皮,包入适量馅料,对折捏紧成饺子。

4.锅内添水烧开,下入饺子搅动,防止粘锅,待水再次烧开后淋入少许清水,煮至饺子浮起熟透,捞出盛入盘内,食时蘸酱油、醋、香油、辣椒末混合味汁即可。

### 五十六、状元水饺

【原料】面粉 1500g,猪肉末 400g,虾仁 150g,植物油、香油、酱油、精盐、葱姜末各适量。

【制作】

1. 将虾仁剁成蓉,同猪肉末加植物油、精盐、香油、葱姜末搅匀成黏稠馅料。

2. 将面粉用清水搅拌均匀和好,放入盆内,盖上湿布饧 30min,当面团饧好后,取出,搓成长条,切成圆剂,撒上干面粉,擀成饺子皮,包入适量馅料,捏成状元饺子。

3. 锅内添水烧开,下入饺子搅动,防止粘锅,待水再次烧开后淋入少许清水,煮至饺子浮起熟透,捞出盛入盘内即可食用。

### 五十七、淮扬水饺

【原料】面粉 1500g,猪肉末 900g,鸡蛋 3 个,干菱粉、精盐、白糖、味精、葱姜汁、胡椒粉、鸡汤各适量。

【制作】

1. 猪肉末内加入葱姜汁、水、精盐、白糖、味精、胡椒粉搅匀成黏稠糊。

2. 将面粉磕入鸡蛋,加水搅拌均匀和好,放入盆内盖上湿布饧 30min,当面团饧好后,取出,搓成长条,切成圆剂,撒上干菱粉,擀成薄皮,再切成小方饺子皮,包入适量馅料,对折捏紧成饺子。

3. 锅内添入鸡汤,加入精盐,烧开盛入碗内。

4. 锅内添水烧开,下入饺子搅动,防止粘锅,待水再次烧开后淋入少许清水,煮至饺子浮起熟透,捞出盛入装有鸡汤的碗内即可食用。

### 五十八、猪肉三鲜水饺(1)

【原料】面粉 1500g,猪肉末、韭菜各 900g,鸡蛋 9 个,植物油、香油、酱油、精盐、姜末各适量。

【制作】

1. 猪肉末内加精盐、香油、葱姜末、水搅匀成糊;鸡蛋磕入碗内,加入精盐打散,下入热油锅内炒熟铲碎。

2. 将韭菜择洗干净切成末,加入植物油拌匀,再放入猪肉末、鸡蛋、酱油以及少许香油,搅拌均匀成黏稠馅料,在捏制之前再加入适量精盐,防止因馅料出水,而使馅料的鲜味流失。

3. 将面粉用温水搅拌均匀和好,放入盆内,盖上湿布饧 30min,当面团饧好后,取出,搓成长条,切成圆剂,撒上干面粉,擀成饺子皮,包入适量馅料,对折捏紧成饺子。

4. 锅内添水烧开,下入饺子搅动,防止粘锅,待水再次烧开后淋入少许清水,煮至饺子浮起熟透,捞出盛入盘内即可食用。

### 五十九、猪肉三鲜水饺(2)

【原料】面粉 1500g,猪肉末 900g,水发海参、水发香菇各 300g,香油、酱油、精盐、葱姜末各适量。

【制作】

1. 将水发海参、水发香菇洗净均切成粒,同猪肉末混合,加入精盐、香油、酱油、葱姜末、水,搅匀成黏稠馅料。

2. 将面粉用温水搅拌均匀和好,放入盆内,盖上湿布饧 30min,当面团饧好后,取出,搓成长条,切成圆剂,撒上干面粉,擀成饺子皮,包入适量馅料,对折捏紧成饺子。

3. 锅内添水烧开,下入饺子搅动,防止粘锅,待水再次烧开后淋入少许清水,煮至饺子浮起熟透,捞出盛入盘内即可食用。

### 六十、猪肉三鲜水饺(3)

【原料】面粉 1500g,猪肉末 900g,水发干贝、水发木耳、海米150g,香油、酱油、精盐、葱姜末各适量。

【制作】

1. 将水发干贝、水发木耳洗净,同海米均切成碎末;猪肉末内加入干贝末、木耳末、海米末、精盐、香油、酱油、葱姜末、水,搅匀成黏稠馅料。

2,将面粉用温水搅拌均匀和好,放入盆内,盖上湿布饧 30min,当面团饧好后,取出,搓成长条,切成圆剂,撒上干面粉,擀成饺子皮,包入适量馅料,对折捏紧成饺子。

3. 锅内添水烧开,下入饺子搅动,防止粘锅,待水再次烧开后淋入少许清水,煮至饺子浮起熟透,捞出盛入盘内即可食用。

## 六十一、四鲜水饺

【原料】面粉 1500g,猪肉末、牛肉末各 450g,水发干贝、海米各 150g,香油、酱油、精盐、葱姜末、鸡汤各适量。

【制作】

1. 将水发干贝洗净,同海米均切成碎末,加入牛肉末、猪肉末、精盐、香油、酱油、葱姜末、水,搅拌均匀成黏稠馅料备用。

2. 将面粉用温水搅拌均匀和好,放入盆内,盖上湿布饧 30min,当面团饧好后,取出,搓成长条,切成圆剂,撒上干面粉,擀成饺子皮,包入适量馅料,对折捏紧成饺子。

3. 锅内添入鸡汤烧开,下入饺子搅动,防止粘锅,待水再次烧开后淋入少许清水,煮至饺子浮起熟透,捞出盛入盘内即可食用。

## 六十二、五鲜水饺

【原料】面粉 1500g,猪肉末、牛肉末各 150g,虾仁 50g,洋葱、香菜各 100g,香油、酱油、精盐、姜末各适量。

【制作】

1. 将洋葱、香菜洗净均切成末;虾仁切碎;牛肉末、猪肉末、虾仁末、洋葱末、香菜末混合,加入精盐、香油、酱油、姜末搅匀成馅。

2. 将面粉用温水搅拌均匀和好,放入盆内,盖上湿布饧 30min,当面团饧好后,取出,搓成长条,切成圆剂,撒上干面粉,擀成饺子皮,包入适量馅料,对折捏紧成饺子。

3. 锅内添水烧开,下入饺子搅动,防止粘锅,待水再次烧开后淋入少许清水,煮至饺子浮起熟透,捞出盛入盘内即可食用。

### 六十三、猪肉三彩水饺

【原料】面粉1500g,猪肉末900g,白菜、香菇、虾仁各150g,植物油、香油、精盐、料酒、鸡精、五香粉、菠菜汁、胡萝卜汁、葱姜末各适量。

【制作】

1.将白菜洗净剁成末,香菇洗净切粒,虾仁剁成蓉,放入猪肉末、植物油、料酒、五香粉、葱姜末以及少许鸡精、香油,搅拌均匀成馅,在捏制之前再加入适量精盐,防止因馅料出水,而使馅料的鲜味流失。

2.将面粉分别用菠菜汁、胡萝卜汁、温水拌匀和成三种颜色的面团,放入盆内,盖上湿布饧30min,当面团饧好后,取出,分别搓成长条,切成圆剂,撒上干面粉,擀成饺子皮,再分别包入适量馅料,对折捏紧成三色饺子。

3.锅内添水烧开,下入饺子搅动,防止粘锅,待水再次烧开后淋入少许清水,煮至饺子浮起熟透,捞出盛入盘内即可食用。

## 第二节　牛肉馅水饺加工实例

### 一、牛肉萝卜水饺

【原料】面粉1500g,牛肉末900g,白萝卜1500g,洋葱150g,鸡蛋3个,植物油、香油、酱油、味精、淀粉、料酒、嫩肉粉、精盐、胡椒粉、姜汁末各适量。

【制作】

1.牛肉末内加入嫩肉粉、料酒、植物油、姜汁、精盐搅匀成糊;白萝卜去皮洗净,切成厚片,下入开水锅内焯熟,捞出剁成末,挤去水分;葱头洗净切末。

2.将牛肉糊加入萝卜末、洋葱末、精盐、胡椒粉、酱油、味精、香油、淀粉、鸡蛋液拌匀成馅。

3. 将面粉用温水拌匀和好,放入盆内,盖上湿布饧 30min,当面团饧好后,取出,搓成长条,切成圆剂,撒上干面粉,擀成饺子皮,包入适量馅料,对折捏紧成饺子。

4. 锅内添水烧开,下入饺子搅动,防止粘锅,待水再次烧开后淋入少许清水,煮至饺子浮起熟透,捞出盛入盘内即可食用。

## 二、牛肉大葱水饺

【原料】面粉 1500g,牛肉末 900g,葱 600g,植物油、香油、酱油、精盐、花椒粉、味精、姜末各适量。

【制作】

1. 将葱择洗干净切成末;牛肉末内加入酱油、姜末、植物油、水,搅匀成糊,再放入葱末、花椒粉、味精以及少许香油搅拌均匀成馅,在捏制之前再加入适量精盐,防止因馅料出水,而使馅料的鲜味流失。

2. 将面粉用温水拌匀和好,放入盆内,盖上湿布饧 30min,当面团饧好后,取出,搓成长条,切成圆剂,撒上干面粉,擀成饺子皮,包入适量馅料,对折捏紧成饺子。

3. 锅内添水烧开,下入饺子搅动,防止粘锅,待水再次烧开后淋入少许清水,煮至饺子浮起熟透,捞出盛入盘内即可食用。

## 三、牛肉番茄水饺

【原料】面粉 1500g,牛肉末 900g,番茄 1500g,香油、味精、精盐、香菜末、葱姜末各适量。

【制作】

1. 将番茄洗净切成碎粒;牛肉末内加入精盐、香油、味精、葱姜末搅匀成糊,再放入番茄粒、香菜末拌匀成馅。

2. 将面粉用温水拌匀和好,放入盆内,盖上湿布饧 30min,当面团饧好后,取出,搓成长条,切成圆剂,撒上干面粉,擀成饺子皮,包入适量馅料,对折捏紧成饺子。

3. 锅内添水烧开,下入饺子搅动,防止粘锅,待水再次烧开后淋入少许清水,煮至饺子浮起熟透,捞出盛入盘内即可食用。

## 四、牛肉鸡汤水饺

【原料】面粉 1500g,牛肉末 1500g,番茄 750g,植物油、香油、料酒、精盐、鸡汤、葱姜末各适量。

【制作】

1. 将番茄用开水烫一下,剥去皮切块,用榨汁机榨出汁备用。

2. 牛肉末内加入鸡汤、葱姜末、植物油、香油、精盐、料酒搅拌均匀成黏稠的馅料。

3. 面粉内加入番茄汁拌匀和好,放入盆内,盖上湿布饧 30min,当面团饧好后,取出,搓成长条,切成圆剂,撒上干面粉,擀成饺子皮,包入适量馅料,对折捏紧成饺子。

4. 锅内添水烧开,下入饺子搅动,防止粘锅,待水再次烧开后淋入少许清水,煮至饺子浮起熟透,捞出盛入盘内即可食用。

## 五、牛肉洋葱水饺

【原料】面粉 1500g,牛肉末 400g,洋葱 200g,香油、酱油、精盐、花椒粉、姜末各适量。

【制作】

1. 将洋葱洗净切成末,加入牛肉末、精盐、香油、酱油、花椒粉、姜末搅拌均匀成馅。

2. 将面粉用温水拌匀和好,放入盆内,盖上湿布饧 30 min,当面团饧好后,取出,搓成长条,切成圆剂,撒上干面粉,擀成饺子皮,包入适量馅料,对折捏紧成饺子。

3. 锅内添水烧开,下入饺子搅动,防止粘锅,待水再次烧开后淋入少许清水,煮至饺子浮起熟透,捞出盛入盘内即可食用。

## 六、牛肉胡萝卜水饺

【原料】面粉 1500g,牛肉末 1500g,胡萝卜 1500g,植物油、香油、精盐、花椒粉、葱姜末各适量。

【制作】

1.将胡萝卜洗净擦成丝,加入牛肉末、香油、精盐、花椒粉、葱姜末搅匀成馅。

2.将面粉用温水拌匀和好,放入盆内,盖上湿布饧30 min,当面团饧好后,取出,搓成长条,切成圆剂,撒上干面粉,擀成饺子皮,包入适量馅料,对折捏紧成饺子。

3.锅内添水烧开,下入饺子搅动,防止粘锅,待水再次烧开后淋入少许清水,煮至饺子浮起熟透,捞出盛入盘内即可食用。

### 七、牛肉雪菜水饺

【原料】面粉1500g,牛肉末1500g,雪菜900g,植物油、香油、精盐、花椒粉、葱姜末各适量。

【制作】

1.将雪菜择洗干净切成末,加入牛肉末、香油、精盐、花椒粉、葱姜末搅匀成馅。

2.将面粉用温水拌匀和好,放入盆内,盖上湿布饧30 min,当面团饧好后,取出,搓成长条,切成圆剂,撒上干面粉,擀成饺子皮,包入适量馅料,对折捏紧成饺子。

3.锅内添水烧开,下入饺子搅动,防止粘锅,待水再次烧开后淋入少许清水,煮至饺子浮起熟透,捞出盛入盘内即可食用。

### 八、牛肉茴香水饺

【原料】面粉1500g,牛肉末、嫩茴香各900g,植物油、香油、酱油、精盐、五香粉、鸡精、葱姜末各适量。

【制作】

1.将茴香择洗干净切成末,加入牛肉末、植物油、香油、精盐、五香粉、鸡精、葱姜末搅匀成馅。

2.将面粉用温水拌匀和好,放入盆内,盖上湿布饧30 min,当面团饧好后,取出,搓成长条,切成圆剂子,撒上干面粉,擀成饺子皮,包入适量馅料,对折捏紧成饺子。

3.锅内添水烧开,下入饺子搅动,防止粘锅,待水再次烧开之后淋入少许清水,煮至饺子浮起熟透,捞出盛入盘内即可食用。

## 九、牛肉绿豆芽水饺

【原料】面粉1500g,熟牛肉丝300g,牛肉900g,豆腐、绿豆芽各300g,植物油、香油、酱油、精盐、胡椒粉、熟芝麻、鸡精、辣椒粉、牛肉汤、葱末各适量。

【制作】

1.将牛肉剁成末;豆腐挤干水分抓碎;绿豆芽洗净,用开水烫一下,捞出挤下水分切成末。

2.将牛肉末、豆腐、绿豆芽加入植物油、酱油、葱末、胡椒粉、鸡精以及少许香油搅拌均匀成馅,在捏制之前再加入适量精盐,防止因馅料出水,而使馅料的鲜味流失。

3.将面粉用温水拌匀和好,放入盆内,盖上湿布饧30 min,当面团饧好后,取出,搓成长条,切成圆剂子,撒上干面粉,擀成饺子皮,包入适量馅料,对折捏紧成饺子。

4.将牛肉丝、辣椒粉、熟芝麻、香油凋匀装碗备用。

5.锅内添入牛肉汤烧开,下入饺子搅动,防止粘锅,待水再次烧开之后淋入少许清水,煮至饺子浮起熟透,连汤一同盛入牛肉丝碗内即可享用。

## 十、牛肉三菇水饺

【原料】面粉1500g,牛肉末900g,牛肝菌、鸡腿菇、杏鲍菇各150g,植物油、香油、精盐、酱油、葱姜末各适量。

【制作】

1.将牛肝菌、鸡腿菇、杏鲍菇洗净,均切成末,加入牛肉末、植物油、香油、酱油、精盐、胡椒粉、葱姜末拌匀成馅。

2.将面粉用温水拌匀和好,放入盆内,盖上湿布饧30 min,当面团饧好后,取出,搓成长条,切成圆剂子,撒上干面粉,擀成饺子皮,包入适量馅料,对折捏紧成饺子。

3.锅内添水烧开,下入饺子搅动,防止粘锅,待水再次烧开之后淋入少许清水,煮至饺子浮起熟透,捞出盛入盘内即可食用。

## 十一、茄汁牛肉水饺

【原料】面粉 1500g,牛肉末 1200g,洋葱 300g,番茄 750g,胡萝卜 150g,鸡蛋 9 个,植物油、精盐、胡椒粉、番茄酱、干酪丝、蒜末、牛肉汤各适量。

【制作】

1.将洋葱洗净切成末;番茄洗净用开水烫一下,去皮、籽切成丁;胡萝卜洗净切成丝。

2.将 2/3 的牛肉末、1/2 的洋葱末、1/2 的蒜末、1 个鸡蛋液、植物油、精盐、胡椒粉混合,拌匀成馅。

3.将面粉加水、2 个鸡蛋液拌匀和好,放入盆内,盖上湿布饧 30 min,当面团饧好后,取出,搓成长条,切成圆剂子,撒上干面粉,擀成饺子皮,包入适量馅料,对折捏紧成饺子。

4.炒锅注油烧至六成热,下入余下的洋葱末、蒜末炒至黄色,再放入余下的牛肉末炒至水分收干,加入番茄丁、胡萝卜丝、番茄酱炒匀,倒入牛肉汤烧开,加入精盐、胡椒粉凋匀成味汁备用。

5.锅内添水烧开,下入饺子搅动,防止粘锅,待水再次烧开之后淋入少许清水,煮至饺子浮起熟透,捞出盛入盘内,浇上调味汁、撒上干酪丝即可享用。

## 十二、什锦粉汤水饺

【原料】面粉 1500g,牛肉末、猪肉末、羊肉末各 300g,虾仁、韭菜各 150g,鸡蛋 6 个,香油、酱油、精盐、味精、花椒粉、辣椒油、菠菜汁、胡萝卜汁、番茄酱、凉粉、香菜末、葱姜末各适量。

【制作】

1.将鸡蛋磕入碗内,加入精盐打散,下入热油锅内炒熟铲碎;韭菜择洗干净切成末;虾仁剁碎,加入鸡蛋、韭菜末、香油、精盐拌匀成三鲜馅。

2.猪肉末、牛肉末、羊肉末内分别加入香油、酱油、精盐、花椒粉、味精拌匀成馅;辣椒油、凉粉、酱油、味精等凋成味汁。

3.将面粉分成 4 份,分别用菠菜汁、胡萝卜汁、番茄酱、清水拌匀和成绿、黄、红、白 4 色面团,放入盆内,盖上湿布饧 30 min,当面团饧好后,取出,搓成长条,切成圆剂子,撒上干面粉,擀成饺子皮,分别包入 4 种馅料对折捏紧成饺子。

4.锅内添水烧开,分别下入四种饺子,防止粘锅,待水再次烧开之后淋入少许清水,煮至饺子浮起熟透,捞出盛入碗内,浇上味汁,撒上香菜末即可。

# 第三节　羊肉馅水饺加工实例

## 一、羊肉大葱水饺

【原料】面粉 1500g,羊肉末 1200g,葱 600g,植物油、香油、酱油、精盐、胡椒粉、花椒水、料酒、姜末各适量。

【制作】

1.将葱择洗干净切成末,加入羊肉末、酱油、胡椒粉、花椒水、料酒、姜末以及少许植物油、香油搅拌均匀成馅,在捏制之前再加入适量精盐,防止因馅料出水,而使馅料的鲜味流失。

2.将面粉用温水拌匀和好,放入盆内,盖上湿布饧 30 min,当面团饧好后,取出,搓成长条,切成圆剂,撒上干面粉,擀成饺子皮,包入适量馅料,对折捏紧成饺子。

3.锅内添水烧开,下入饺子搅动,防止粘锅,待水再次烧开后淋入少许清水,煮至饺子浮起熟透,捞出盛入盘内即可食用。

## 二、羊肉韭黄水饺

【原料】面粉 1500g,鸡蛋 6 个,羊肉末、韭黄各 900g,植物油、香油、酱油、精盐、胡椒粉、花椒水、料酒、葱姜末各适量。

【制作】

1. 将韭黄择洗干净切末,然后放入羊肉末、葱姜末、胡椒粉、料酒、酱油、花椒水、鸡蛋液、植物油以及少许香油搅拌均匀成馅,在捏制之前再加入适量精盐,防止因馅料出水,而使馅料的鲜味流失。

2. 将面粉用温水拌匀和好,放入盆内,盖上湿布饧 30 min,当面团饧好后,取出,搓成长条,切成圆剂,撒上干面粉,擀成饺子皮,包入适量馅料,对折捏紧成饺子。

3. 锅内添水烧开,下入饺子搅动,防止粘锅,待水再次烧开后淋入少许清水,煮至饺子浮起熟透,捞出盛入盘内即可食用。

### 三、羊肉胡萝卜水饺

【原料】面粉 1500g,羊肉末 900g,胡萝卜 1500g,植物油、香油、精盐、花椒水、葱姜末各适量。

【制作】

1. 将胡萝卜洗净擦成丝,然后加入羊肉末、花椒水、葱姜末以及少许香油搅拌均匀成馅,在捏制之前再加入适量精盐,防止因馅料出水,而使馅料的鲜味流失。

2. 将面粉用温水拌匀和好,放入盆内,盖上湿布饧 30 min,当面团饧好后,取出,搓成长条,切成圆剂,撒上干面粉,擀成饺子皮,包入适量馅料,对折捏紧成饺子。

3. 锅内添水烧开,下入饺子搅动,防止粘锅,待水再次烧开后淋入少许清水,煮至饺子浮起熟透,捞出盛入盘内即可食用。

### 四、羊肉萝卜水饺

【原料】面粉 1500g,羊肉末 1200g,萝卜 1500g,植物油、香油、酱油、精盐、花椒水、葱姜末各适量。

【制作】

1. 将萝卜洗净擦成丝,加入精盐拌匀腌片刻,挤干水分,加入植物油拌匀;羊肉末内加入香油、酱油、精盐、花椒水、葱姜末搅匀成糊,再放入萝卜丝拌匀成馅。

2.将面粉用温水拌匀和好,放入盆内,盖上湿布饧30 min,当面团饧好后,取出,搓成长条,切成圆剂,撒上干面粉,擀成饺子皮,包入适量馅料,对折捏紧成饺子。

3.锅内添水烧开,下入饺子搅动,防止粘锅,待水再次烧开后淋入少许清水,煮至饺子浮起熟透,捞出盛入盘内即可食用。

### 五、羊肉白菜水饺

【原料】面粉1500g,羊肉末900g,白菜750g,植物油、香油、酱油、精盐、胡椒粉、花椒水、料酒、葱姜末各适量。

【制作】

1.将白菜洗净切成末,然后放入羊肉末、酱油、胡椒粉、花椒水、葱姜末以及少许料酒、香油搅拌均匀成馅,在捏制之前再加入适量精盐,防止因馅料出水,而使馅料的鲜味流失。

2.将面粉用温水拌匀和好,放入盆内,盖上湿布饧30 min,当面团饧好后,取出,搓成长条,切成圆剂,撒上干面粉,擀成饺子皮,包入适量馅料,对折捏紧成饺子。

3.锅内添水烧开,下入饺子搅动,防止粘锅,待水再次烧开后淋入少许清水,煮至饺子浮起熟透,捞出盛入盘内即可食用。

### 六、一品羊肉水饺

【原料】面粉1500g,羊肉末900g,白菜750g,香油、酱油、鸡精、精盐、牛(羊)骨头汤、花椒粉、香菜末、姜末各适量。

【制作】

1.将白菜洗净切成末,挤去水分,加入香油拌匀;羊肉末内加入香油、酱油、精盐、姜末、鸡精、花椒粉、骨头汤搅匀成糊,再放入白菜末搅拌均匀成馅。

2.将面粉用温水拌匀和好,放入盆内,盖上湿布饧30 min,当面团饧好后,取出,搓成长条,切成圆剂,撒上干面粉,擀成饺子皮,包入适量馅料,对折捏紧成饺子。

3.锅内添水烧开,下入饺子搅动,防止粘锅,待水再次烧开后淋入少许清水,煮至饺子浮起熟透,捞出盛入盘内即可食用。

## 七、羊肉冬瓜水饺

【原料】面粉1500g,羊肉末900g,冬瓜1500g,香油、精盐、鸡汤、花椒水、料酒、葱姜末各适量。

【制作】

1.将冬瓜去皮、瓤洗净,擦成丝,挤出瓜汁(留用);羊肉末内加入葱姜末、鸡汤、料酒、精盐、花椒水、香油搅匀成糊,再放入冬瓜丝搅拌均匀成馅。

2.将面粉用温水、冬瓜汁拌匀和好,放入盆内,盖上湿布饧30min,当面团饧好后,取出,搓成长条,切成圆剂,撒上干面粉,擀成饺子皮,包入适量馅料,对折捏紧成饺子。

3.锅内添水烧开,下入饺子搅动,防止粘锅,待水再次烧开后淋入少许清水,煮至饺子浮起熟透,捞出盛入盘内即可食用。

## 八、羊肉西葫芦水饺

【原料】面粉1500g,羊肉末900g,西葫芦1500g,香油、料酒、精盐、味精、花椒水、葱姜末各适量。

【制作】

1.将西葫芦去皮、瓤洗净,擦成丝,挤去汁(留用);羊肉末内加入葱姜末、料酒、精盐、味精、花椒水、香油搅匀成糊,再放入西葫芦丝拌匀成馅。

2.将面粉用温水、西葫芦汁拌匀和好,放入盆内,盖上湿布饧30min,当面团饧好后,取出,搓成长条,切成圆剂,撒上干面粉,擀成饺子皮,包入适量馅料,对折捏紧成饺子。

3.锅内添水烧开,下入饺子搅动,防止粘锅,待水再次烧开后淋入少许清水,煮至饺子浮起熟透,捞出盛入盘内即可食用。

### 九、羊肉冬菇水饺

【原料】面粉1500g,羊肉末1200g,冬菇600g,海米150g,香油、酱油、精盐、花椒水、葱姜末各适量。

【制作】

1.将冬菇洗净,同海米均切成末,加入羊肉末、香油、酱油、精盐、花椒水、葱姜末搅匀成馅。

2.将面粉用温水拌匀和好,放入盆内,盖上湿布饧30 min,当面团饧好后,取出,搓成长条,切成圆剂,撒上干面粉,擀成饺子皮,包入适量馅料,对折捏紧成饺子。

3.锅内添水烧开,下入饺子搅动,防止粘锅,待水再次烧开后淋入少许清水,煮至饺子浮起熟透,捞出盛入盘内即可食用。

### 十、羊肉番茄水饺

【原料】面粉1500g,羊肉末1200g,番茄900g,鸡蛋9个,植物油、香油、酱油、精盐、胡椒粉、淀粉、葱姜末各适量。

【制作】

1.将鸡蛋磕入碗内,加入精盐打散,下入热油锅内炒熟铲碎;番茄用开水烫一下,去皮、瓤切成小碎丁;羊肉末内加入番茄丁、鸡蛋末、香油、酱油、精盐、花椒粉、胡椒粉、葱姜末、淀粉搅拌均匀成馅。

2.将面粉用温水拌匀和好,放入盆内,盖上湿布饧30 min,当面团饧好后,取出,搓成长条,切成圆剂,撒上干面粉,擀成饺子皮,包入适量馅料,对折捏紧成饺子。

3.锅内添水烧开,下入饺子搅动,防止粘锅,待水再次烧开后淋入少许清水,煮至饺子浮起熟透,捞出盛入盘内即可食用。

### 十一、羊肉荸荠水饺

【原料】面粉1500g,羊肉末1200g,荸荠900g,香油、酱油、精盐、胡椒粉、葱姜末各适量。

【制作】

1.将荸荠去皮洗净切成末,加入羊肉末、香油、酱油、精盐、鸡精、五香粉、葱姜末搅拌均匀成馅。

2.将面粉用温水拌匀和好,放入盆内,盖上湿布饧30 min,当面团饧好后,取出,搓成长条,切成圆剂,撒上干面粉,擀成饺子皮,包入适量馅料,对折捏紧成饺子。

3.锅内添水烧开,下入饺子搅动,防止粘锅,待水再次烧开后淋入少许清水,煮至饺子浮起熟透,捞出盛入盘内即可食用。

### 十二、羊肉粉汤水饺

【原料】面粉1500g,羊肉末900g,植物油、香油、酱油、精盐、味精、醋、花椒水、凉粉、菠菜、木耳、黄花、番茄片、炸土豆片、香菜段、羊肉汤、葱姜末各适量。

【制作】

1.羊肉末内加入香油、酱油、精盐、花椒水、葱姜末搅匀成馅;菠菜择洗干净切段,木耳、黄花洗净。

2.将面粉用温水拌匀和好,放入盆内,盖上湿布饧30 min,当面团饧好后,取出,搓成长条,切成圆剂,撒上干面粉,擀成饺子皮,包入适量馅料,对折捏紧成饺子。

3.锅内添水烧开,下入饺子搅动,防止粘锅,待水再次烧开后淋入少许清水,煮至饺子浮起熟透,捞出盛入碗内。

4.炒锅注油烧热,下入葱姜蒜末爆香,放入羊肉汤、凉粉、木耳、黄花、番茄片、炸土豆片、菠菜段、香菜段烧开,倒入羊肉水饺碗内即可。

# 第四节　鸡肉馅水饺加工实例

## 一、鸡肉圆白菜水饺

【原料】面粉1500g,鸡脯肉900g,圆白菜900g,香油、精盐、酱油、五香粉、鸡汤、香菜末、葱姜末各适量。

【制作】

1.将鸡肉剁成蓉,加入香油、酱油、精盐、葱姜末、水搅匀成糊;圆白菜洗净切成末,加入香油拌匀,再放入鸡肉、五香粉、精盐拌匀成馅。

2.将面粉用温水拌匀和好,放入盆内,盖上湿布饧30 min,当面团饧好后,取出,搓成长条,切成圆剂,撒上干面粉,擀成饺子皮,包入适量馅料,对折捏紧成饺子。

3.锅内添入鸡汤烧开,下入饺子搅动,防止粘锅,待水再次烧开后淋入少许清水,煮至饺子浮起熟透,撒入香菜末,连汤一起盛入碗内,一同食用。

## 二、鸡肉茭白水饺

【原料】面粉1500g,鸡肉1200g,茭白900g,植物油、酱油、骨头汤、精盐、葱姜末各适量。

【制作】

1.将鸡肉剁成蓉,茭白洗净切成末,加入植物油、酱油、精盐、葱姜末、骨头汤搅拌均匀成黏稠馅料。

2.将面粉用温水拌匀和好,放入盆内,盖上湿布饧30 min,当面团饧好后,取出,搓成长条,切成圆剂,撒上干面粉,擀成饺子皮,包入适量馅料,对折捏紧成饺子。

3.锅内添水烧开,下入饺子搅动,防止粘锅,待水再次烧开后淋入少许清水,煮至饺子浮起熟透,捞出盛入盘内即可食用。

## 三、鸡肉冬笋水饺

【原料】面粉1500g,鸡脯肉1200g,冬笋900g,香油、精盐、味精、料酒、高汤、葱姜末各适量。

【制作】

1.将鸡脯肉洗净剁成蓉;冬笋洗净切成丁,下入热油锅内煸炒片刻;鸡肉蓉内加入冬笋丁、香油、葱姜末、料酒、高汤、精盐、味精搅拌均匀成黏稠馅料。

2. 将面粉用温水拌匀和好,放入盆内,盖上湿布饧 30 min,当面团饧好后,取出,搓成长条,切成圆剂,撒上干面粉,擀成饺子皮,包入适量馅料,对折捏紧成饺子。

3. 锅内添水烧开,下入饺子搅动,防止粘锅,待水再次烧开后淋入少许清水,煮至饺子浮起熟透,捞出盛入盘内即可食用。

### 四、鸡肉香菇水饺

【原料】面粉 1500g,鸡脯肉 1200g,香菇 600g,香油、精盐、酱油、味精、料酒、葱姜末各适量。

【制作】

1. 将鸡脯肉洗净剁成蓉,香菇洗净切成丁,加入香油、葱姜末、料酒、酱油、精盐、味精搅匀成黏稠馅料。

2. 将面粉用温水拌匀和好,放入盆内,盖上湿布饧 30 min,当面团饧好后,取出,搓成长条,切成圆剂,撒上干面粉,擀成饺子皮,包入适量馅料,对折捏紧成饺子。

3. 锅内添水烧开,下入饺子搅动,防止粘锅,待水再次烧开后淋入少许清水,煮至饺子浮起熟透,捞出盛入盘内即可食用。

### 五、鸡肉香菜水饺

【原料】面粉 1500g,鸡脯肉 900g,香菜 600g,香油、精盐、黄酱、木耳、香菇、葱姜末各适量。

【制作】

1. 将鸡脯肉洗净剁成蓉,香菇洗净切成丁,木耳洗净切成末,香菜择洗干净切成末。

2. 鸡肉蓉内加入葱姜末、香油、黄酱、精盐、木耳、香菇、香菜搅拌均匀成馅。

3. 将面粉用温水拌匀和好,放入盆内,盖上湿布饧 30 min,当面团饧好后,取出,搓成长条,切成圆剂,撒上干面粉,擀成饺子皮,包入适量馅料,对折捏紧成饺子。

3. 锅内添水烧开,下入饺子搅动,防止粘锅,待水再次烧开后淋入少许清水,煮至饺子浮起熟透,捞出盛入盘内即可食用。

## 六、鸡肉香椿水饺

【原料】面粉 1500g,鸡脯肉 900g,香椿 1500g,植物油、香油、精盐、花椒粉、葱姜末各适量。

【制作】

1. 将香椿择洗干净切成末;鸡脯肉剁成蓉,加入香椿末、花椒粉、葱姜末以及少许香油搅拌均匀成馅,在捏制之前再加入适量精盐,防止因馅料出水,而使馅料的鲜味流失。

2. 将面粉用温水拌匀和好,放入盆内,盖上湿布饧 30 min,当面团饧好后,取出,搓成长条,切成圆剂,撒上干面粉,擀成饺子皮,包入适量馅料,对折捏紧成饺子。

3. 锅内添水烧开,下入饺子搅动,防止粘锅,待水再次烧开后淋入少许清水,煮至饺子浮起熟透,捞出盛入盘内即可食用。

## 七、鸡肉高汤水饺

【原料】面粉1500g,熟鸡脯肉900g,水发玉兰片、水发海参、虾仁、葱姜末、香油、精盐、酱油、花椒粉、高汤各适量。

【制作】

1. 将鸡肉剁成蓉,海参、玉兰片、虾仁均切成碎丁。

2. 将鸡肉蓉、海参、玉兰片、虾仁加入植物油、香油、酱油,精盐、葱姜末、花椒粉搅拌均匀成馅。

3. 将面粉用温水拌匀和好,放入盆内,盖上湿布饧 30 min,当面团饧好后,取出,搓成长条,切成圆剂,撒上干面粉,擀成饺子皮,包入适量馅料,对折捏紧成饺子。

4. 锅内添入高汤烧开,下入饺子搅动,防止粘锅,待水再次烧开后淋入少许清水,煮至饺子浮起熟透,捞出盛入盘内即可食用。

### 八、鸡肉胡萝卜水饺

【原料】面粉1500g,鸡脯肉1200g,胡萝卜900g,植物油、香油、精盐、花椒粉、葱姜末各适量。

【制作】

1. 将鸡脯肉剁成蓉,胡萝卜洗净擦成丝,加入植物油、花椒粉、葱姜末以及少许香油搅拌均匀成馅,在捏制之前再加入适量精盐,防止因馅料出水,而使馅料的鲜味流失。

2. 将面粉用温水拌匀和好,放入盆内,盖上湿布饧30 min,当面团饧好后,取出,搓成长条,切成圆剂,撒上干面粉,擀成饺子皮,包入适量馅料,对折捏紧成饺子。

3. 锅内添水烧开,下入饺子搅动,防止粘锅,待水再次烧开后淋入少许清水,煮至饺子浮起熟透,捞出盛入盘内即可食用。

### 九、鸡肉韭菜水饺

【原料】面粉1500g,鸡脯肉1200g,韭菜900g,植物油、香油、精盐、酱油、味精、料酒、花椒粉、姜末各适量。

【制作】

1. 将鸡肉洗净剁成蓉,加入香油、姜末、料酒、酱油、花椒粉、味精搅匀成糊。

2. 将韭菜择洗干净切成末,先加入植物油拌匀,再加入鸡肉末,搅拌均匀成馅,在捏制之前再加入适量精盐,防止因馅料出水,而使馅料的鲜味流失。

3. 将面粉用温水拌匀和好,放入盆内,盖上湿布饧30 min,当面团饧好后,取出,搓成长条,切成圆剂,撒上干面粉,擀成饺子皮,包入适量馅料,对折捏紧成饺子。

4. 锅内添水烧开,下入饺子搅动,防止粘锅,待水再次烧开后淋入少许清水,煮至饺子浮起熟透,捞出盛入盘内即可食用。

# 第五节　鱼肉馅水饺加工实例

## 一、鲑鱼水饺

【原料】面粉1500g,鲑鱼肉1500g,鸡蛋黄3个,植物油、料酒、精盐、白糖、白胡椒粉、香油、菠菜汁、葱花、姜末各适量。

【制作】

1.将鲑鱼肉剁成蓉,加入蛋黄、葱花、姜末、植物油、料酒、精盐、白糖、胡椒粉、香油搅拌均匀成黏稠的馅料。

2.将面粉用温水、菠菜汁拌匀和好,放入盆内,盖上湿布饧30min,当面团饧好后,取出,搓成长条,切成圆剂,撒上干面粉,擀成饺子皮,包入适量馅料,对折捏紧成饺子。

3.锅内添水烧开,下入饺子搅动,防止粘锅,待水再次烧开后淋入少许清水,煮至饺子浮起熟透,捞出盛入盘内即可食用。

## 二、鲤鱼韭菜水饺

【原料】面粉2250g,鲤鱼肉1500g,韭菜600g,植物油、酱油、精盐、料酒、猪骨汤、姜末各适量。

【制作】

1.将鱼肉剁成蓉,加入猪骨汤、料酒、香油、姜末、精盐搅打成黏稠的糊;韭菜择洗干净,切成末,加入植物油拌匀,再放入鱼蓉、酱油、精盐拌匀成馅。

2.将面粉用温水拌匀和好,放入盆内,盖上湿布饧30 min,当面团饧好后,取出,搓成长条,切成圆剂,撒上干面粉,擀成饺子皮,包入适量馅料,对折捏紧成饺子。

3.锅内添水烧开,下入饺子搅动,防止粘锅,待水再次烧开后淋入少许清水,煮至饺子浮起熟透,捞出盛入盘内即可食用。

### 三、鲤鱼荠菜水饺

【原料】面粉 1500g,鲤鱼肉 1500g,荠菜 600g,植物油、香油、料酒、精盐、味精、高汤、姜末各适量。

【制作】

1.将鱼肉剁成蓉,加入香油、精盐、姜末、料酒搅打成黏稠的糊;荠菜择洗干净切成末,放入鱼肉糊、植物油、味精、高汤搅拌均匀,在捏制之前再加入适量精盐,防止因馅料出水,而使馅料的鲜味流失。

2.将面粉用温水拌匀和好,放入盆内,盖上湿布饧 30 min,当面团饧好后,取出,搓成长条,切成圆剂,撒上干面粉,擀成饺子皮,包入适量馅料,对折捏紧成饺子。

3.锅内添水烧开,下入饺子搅动,防止粘锅,待水再次烧开后淋入少许清水,煮至饺子浮起熟透,捞出盛入盘内即可食用。

### 四、鲤鱼豆腐水饺

【原料】面粉 1500g,鲤鱼肉 1050g,豆腐 450g,植物油、香油、料酒、精盐、葱姜末各适量。

【制作】

1.将鲤鱼肉剁成蓉;豆腐抓碎;鱼肉蓉内加入碎豆腐、葱姜末、料酒、精盐、植物油、香油搅打成黏稠的馅料。

2.将面粉用温水拌匀和好,放入盆内,盖上湿布饧 30 min,当面团饧好后,取出,搓成长条,切成圆剂,撒上干面粉,擀成饺子皮,包入适量馅料,对折捏紧成饺子。

3.锅内添水烧开,下入饺子搅动,防止粘锅,待水再次烧开后淋入少许清水,煮至饺子浮起熟透,捞出盛入盘内即可食用。

### 五、鲮鱼黄瓜水饺

【原料】面粉 1500g,鲮鱼肉 1500g,老黄瓜 600g,植物油、香油、料酒、精盐、胡椒粉、五香粉、姜末各适量。

【制作】

1. 将鲅鱼肉剁成蓉,加入姜末、精盐、料酒、香油搅打成黏稠的糊;将老黄瓜去皮、籽擦成丝,挤去水分,加入植物油拌匀,再放入鱼蓉、精盐、胡椒粉、五香粉搅拌均匀成馅。

2. 将面粉用温水拌匀和好,放入盆内,盖上湿布饧 30 min,当面团饧好后,取出,搓成长条,切成圆剂,撒上干面粉,擀成饺子皮,包入适量馅料,对折捏紧成饺子。

3. 锅内添水烧开,下入饺子搅动,防止粘锅,待水再次烧开后淋入少许清水,煮至饺子浮起熟透,捞出盛入盘内即可食用。

## 六、鱿鱼豆角水饺

【原料】面粉 1500g,鱿鱼 1200g,豆角 300g,植物油、香油、精盐、料酒、姜末各适量。

【制作】

1. 将鱿鱼剁成蓉,加入香油、料酒、精盐、姜末搅打成黏稠的糊;豆角择洗干净切成末,加入植物油拌匀,再放入鱼蓉、精盐拌匀成馅。

2. 将面粉用温水拌匀和好,放入盆内,盖上湿布饧 30 min,当面团饧好后,取出,搓成长条,切成圆剂,撒上干面粉,擀成饺子皮,包入适量馅料,对折捏紧成饺子。

3. 锅内添水烧开,下入饺子搅动,防止粘锅,待水再次烧开后淋入少许清水,煮至饺子浮起熟透,捞出盛入盘内即可食用。

## 七、鲈鱼香菇水饺

【原料】面粉 1500g,鲈鱼肉 900g,香菇 600g,植物油、香油、料酒、精盐、五香粉、葱姜末各适量。

【制作】

1. 将鲈鱼肉剁成蓉,香菇洗净切成末,加入葱姜末、料酒、精盐、植物油、香油、五香粉搅打成黏稠的馅料。

2. 将面粉用温水拌匀和好,放入盆内,盖上湿布饧 30 min,当面团饧好后,取出,搓成长条,切成圆剂,撒上干面粉,擀成饺子皮,包入适量馅料,对折捏紧成饺子。

3.锅内添水烧开,下入饺子搅动,防止粘锅,待水再次烧开后淋入少许清水,煮至饺子浮起熟透,捞出盛入盘内即可食用。

### 八、草鱼虾仁水饺

【原料】面粉1500g,草鱼肉900g,虾仁300g,植物油、香油、料酒、胡椒粉、精盐、鸡汤、韭菜末、姜末各适量。

【制作】

1.将草鱼肉、虾仁分别剁成蓉,加入植物油、香油、姜末、料酒、精盐、胡椒粉、韭菜末搅打成黏稠的馅料。

2.将面粉用温水拌匀和好,放入盆内,盖上湿布饧30 min,当面团饧好后,取出,搓成长条,切成圆剂,撒上干面粉,擀成饺子皮,包入适量馅料,对折捏紧成饺子。

3.锅内添水烧开,下入饺子搅动,防止粘锅,待水再次烧开后淋入少许清水,煮至饺子浮起熟透,捞出盛入盘内即可食用。

### 九、银鱼胡萝卜水饺

【原料】面粉2250g,银鱼肉1500g,胡萝卜600g,植物油、香油、料酒、五香粉、精盐、葱姜末各适量。

【制作】

1.将银鱼剁成蓉,胡萝卜洗净剁成末,加入植物油、香油、葱姜末、料酒、精盐、胡椒粉、鸡精搅打成黏稠的馅料。

2.将面粉用温水拌匀和好,放入盆内,盖上湿布饧30 min,当面团饧好后,取出,搓成长条,切成圆剂,撒上干面粉,擀成饺子皮,包入适量馅料,对折捏紧成饺子。

3.锅内添水烧开,下入饺子搅动,防止粘锅,待水再次烧开后淋入少许清水,煮至饺子浮起熟透,捞出盛入盘内即可食用。

### 十、黄鱼雪菜水饺

【原料】面粉 1500g,大黄鱼肉 900g,腌雪菜 450g,植物油、香油、料酒、五香粉、葱姜末各适量。

【制作】

1. 雪菜洗净切成末;将黄鱼肉剁成蓉,加入雪菜末、植物油、香油、葱姜末、料酒、五香粉搅打成黏稠的馅料。

2. 将面粉用温水拌匀和好,放入盆内,盖上湿布饧 30 min,当面团饧好后,取出,搓成长条,切成圆剂,撒上干面粉,擀成饺子皮,包入适量馅料,对折捏紧成饺子。

3. 锅内添水烧开,下入饺子搅动,防止粘锅,待水再次烧开后淋入少许清水,煮至饺子浮起熟透,捞出盛入盘内即可食用。

### 十一、墨鱼苦瓜水饺

【原料】面粉 1500g,墨鱼肉 900g,苦瓜 600g,植物油、香油、料酒、胡椒粉、精盐、鸡精、葱姜末各适量。

【制作】

1. 苦瓜洗净擦成丝;将墨鱼肉剁成蓉,加入苦瓜丝、植物油、香油、葱姜末、料酒、精盐、胡椒粉、鸡精搅打均匀成黏稠的馅料备用。

2. 将面粉用温水拌匀和好,放入盆内,盖上湿布饧 30 min,当面团饧好后,取出,搓成长条,切成圆剂,撒上干面粉,擀成饺子皮,包入适量馅料,对折捏紧成饺子。

3. 锅内添水烧开,下入饺子搅动,防止粘锅,待水再次烧开后淋入少许清水,煮至饺子浮起熟透,捞出盛入盘内即可食用。

### 十二、鲅鱼茄子水饺

【原料】面粉 2250g,鲅鱼肉 1200g,茄子 600g,韭菜 300g,香油、料酒、精盐、葱姜末各适量。

【制作】

1. 将鲅鱼肉剁成蓉,茄子、韭菜洗净切成末,一同加入香油、料酒、精盐、葱姜末搅打成黏稠的糊。

2.将面粉用温水拌匀和好,放入盆内,盖上湿布饧30 min,当面团饧好后,取出,搓成长条,切成圆剂,撒上干面粉,擀成饺子皮,包入适量馅料,对折捏紧成饺子。

3.锅内添水烧开,下入饺子搅动,防止粘锅,待水再次烧开后淋入少许清水,煮至饺子浮起熟透,捞出盛入盘内即可食用。

### 十三、鳗鱼荸荠水饺

【原料】面粉1500g,鳗鱼肉900g,猪肉末300g,荸荠600g,植物油、香油、料酒、精盐、胡椒粉、鱼露、虾米、葱姜末各适量。

【制作】

1.将荸荠去皮洗净切成粒,虾米剁碎,鳗鱼肉剁成蓉,一同混合,再加入猪肉末、植物油、香油、精盐、料酒、胡椒粉、鱼露、葱姜末搅拌均匀成馅。

2.将面粉用温水拌匀和好,放入盆内,盖上湿布饧30 min,当面团饧好后,取出,搓成长条,切成圆剂,撒上干面粉,擀成饺子皮,包入适量馅料,对折捏紧成饺子。

3.锅内添水烧开,下入饺子搅动,防止粘锅,待水再次烧开后淋入少许清水,煮至饺子浮起熟透,捞出盛入盘内即可食用。

### 十四、上汤鱼饺

【原料】鱼肉胶2000g,鱼肉1200g,虾仁、猪肉末各600g,鸡蛋6个,植物油、香油、鱼露、精盐、胡椒粉、上汤、生菜叶、香菜末、姜末各适量。

【制作】

1.将鱼肉剁成蓉,加入精盐拌匀,用力搅打至有黏性备用。

2.将虾仁剁成蓉;鸡蛋磕入碗内,加入精盐打散,下入热油锅内炒熟铲碎,同猪肉末、虾蓉一起加入植物油、姜末、精盐搅拌均匀成馅料备用。

3.将鱼肉胶擀薄,切成三角形饺子皮,逐个放入馅料,包成鱼饺;生菜叶洗净放入碗底备用。

4.锅内放入上汤烧开,下入鱼饺,加入鱼露、香菜末,小火煮至鱼饺熟透,淋入香油,撒上胡椒粉即可享用。

# 第六节 虾馅水饺加工实例

## 一、鲜虾水饺

【原料】面粉1500g,鲜虾900g,猪肉末300g,植物油、香油、酱油、料酒、精盐、五香粉、葱姜末各适量。

【制作】

1.将虾去壳取肉剁成蓉,同猪肉末一起加入植物油、香油、精盐、料酒、五香粉、酱油、葱姜末搅拌成黏稠的馅料。

2.将面粉用温水拌匀和好,放入盆内,盖上湿布饧30 min,当面团饧好后,取出,搓成长条,切成圆剂,撒上干面粉,擀成饺子皮,包入适量馅料,对折捏紧成饺子。

3.锅内添水烧开,下入饺子搅动,防止粘锅,待水再次烧开后淋入少许清水,煮至饺子浮起熟透,捞出盛入盘内即可食用。

## 二、虾蛋韭菜水饺

【原料】面粉1500g,虾仁600g,韭菜900g,鸡蛋6个,植物油、香油、精盐、葱姜末各适量。

【制作】

1.将虾仁剁成蓉;韭菜择洗干净切成末;鸡蛋磕入碗内加精盐打散,下入热油锅内炒熟铲碎,同虾仁蓉、韭菜末混合,再加入植物油、香油、精盐、葱姜末搅拌均匀成馅料。

2.将面粉用温水拌匀和好,放入盆内,盖上湿布饧30 min,当面团饧好后,取出,搓成长条,切成圆剂,撒上干面粉,擀成饺子皮,包入适量馅料,对折捏紧成饺子。

3.锅内添水烧开,下入饺子搅动,防止粘锅,待水再次烧开后淋入少许清水,煮至饺子浮起熟透,捞出盛入盘内即可食用。

### 三、虾仁榨菜水饺

【原料】面粉 1500g,虾仁 600g,榨菜末 600g,冬菇 300g,植物油、香油、精盐、花椒粉、葱姜末各适量。

【制作】

1. 将虾仁剁成蓉,冬菇洗净切碎,一起混合,再加入植物油、香油、精盐、料酒、花椒粉、榨菜末、葱姜末搅拌均匀成馅料。

2. 将面粉用温水拌匀和好,放入盆内,盖上湿布饧 30 min,当面团饧好后,取出,搓成长条,切成圆剂,撒上干面粉,擀成饺子皮,包入适量馅料,对折捏紧成饺子。

3. 锅内添水烧开,下入饺子搅动,防止粘锅,待水再次烧开后淋入少许清水,煮至饺子浮起熟透,捞出盛入盘内即可食用。

### 四、虾仁南瓜水饺

【原料】面粉 2250g,南瓜 1500g,虾仁 600g,植物油、香油、精盐、花椒粉、葱姜末各适量。

【制作】

1. 将虾仁剁成蓉,南瓜去皮、瓤洗净剁碎,一起混合,再加入植物油、香油、精盐、花椒粉、葱姜末搅拌均匀成馅料。

2. 将面粉用温水拌匀和好,放入盆内,盖上湿布饧 30 min,当面团饧好后,取出,搓成长条,切成圆剂,撒上干面粉,擀成饺子皮,包入适量馅料,对折捏紧成饺子。

3. 锅内添水烧开,下入饺子搅动,防止粘锅,待水再次烧开后淋入少许清水,煮至饺子浮起熟透,捞出盛入盘内即可食用。

### 五、虾仁瓜皮水饺

【原料】面粉 2250g,虾仁 900g,西瓜皮 1500g,植物油、香油、精盐、白糖、葱姜末各适量。

【制作】

1. 将西瓜皮去瓤、外皮,洗净后擦成细丝,加入精盐拌匀腌

30min,挤干水分;虾仁剁成蓉,加入西瓜皮丝、植物油、香油、精盐、白糖、葱姜末拌匀成馅料备用。

2. 将面粉用温水拌匀和好,放入盆内,盖上湿布饧30 min,当面团饧好后,取出,搓成长条,切成圆剂,撒上干面粉,擀成饺子皮,包入适量馅料,对折捏紧成饺子。

3. 锅内添水烧开,下入饺子搅动,防止粘锅,待水再次烧开后淋入少许清水,煮至饺子浮起熟透,捞出盛入盘内即可食用。

### 六、虾仁翡翠水饺

【原料】面粉1500g,虾仁600g,鸡蛋9个,香菇300g,菠菜750g,植物油、香油、精盐、料酒、胡椒粉、葱姜末各适量。

【制作】

1. 将虾仁洗净剁成蓉;香菇洗净切碎;鸡蛋磕入碗内,加入精盐打散,下入热油锅内炒熟铲碎;菠菜择洗干净切成末,加入少许精盐拌匀腌片刻,挤出菜汁(留用),与虾蓉、鸡蛋末、香菇末一同加入植物油、香油、精盐、料酒、胡椒粉、葱姜末搅拌均匀成馅料。

2. 将面粉用菠菜汁、温水拌匀和好,放入盆内,盖上湿布饧30min,当面团饧好后,取出,搓成长条,切成圆剂,撒上干面粉,擀成饺子皮,包入适量馅料,对折捏紧成饺子。

3. 锅内添水烧开,下入饺子搅动,防止粘锅,待水再次烧开后淋入少许清水,煮至饺子浮起熟透,捞出盛入盘内即可食用。

# 第七节　素馅水饺加工实例

### 一、白菜素馅水饺

【原料】面粉1500g,白菜1200g,胡萝卜450g,虾皮150g,植物油、香油、酱油、精盐、花椒粉、香菜末、葱姜末各适量。

【制作】

1. 将白菜洗净剁碎,挤去水分;虾皮切碎;胡萝卜洗净,擦成丝,用开水略烫,挤去水分,同白菜、虾皮、香菜末混合,再加入葱姜末、花椒粉、植物油、香油、酱油、精盐搅拌均匀成馅料备用。

2.将面粉用温水拌匀和好,放入盆内,盖上湿布饧 30 min,当面团饧好后,取出,搓成长条,切成圆剂,撒上干面粉,擀成饺子皮,包入适量馅料,对折捏紧成饺子。

3.锅内添水烧开,下入饺子搅动,防止粘锅,待水再次烧开后淋入少许清水,煮至饺子浮起熟透,捞出盛入盘内即可食用。

## 二、菜花香菇水饺

【原料】面粉 1500g,菜花 1200g,香菇、水发木耳各 150g,粉条 300g,植物油、香油、酱油、精盐、鸡精、花椒粉、葱姜末各适量。

【制作】

1.将菜花洗净掰小朵,下入开水锅内烫一下,捞出控水剁碎;香菇、水发木耳洗净剁碎;粉条用开水泡发,捞出控水切碎,同菜花、香菇、木耳混合,加入葱姜末、花椒粉、植物油、香油、酱油、鸡精、精盐搅拌均匀成馅料备用。

2.将面粉用温水拌匀和好,放入盆内,盖上湿布饧 30 min,当面团饧好后,取出,搓成长条,切成圆剂,撒上干面粉,擀成饺子皮,包入适量馅料,对折捏紧成饺子。

3.锅内添水烧开,下入饺子搅动,防止粘锅,待水再次烧开后淋入少许清水,煮至饺子浮起熟透,捞出盛入盘内即可食用。

## 三、豆芽素水饺

【原料】面粉 1500g,绿豆芽、黄豆芽各 600g,虾皮、玉兰片、水发粉条各 150g,植物油、香油、精盐、花椒粉、葱姜末各适量。

【制作】

1.将绿豆芽、黄豆芽择洗干净,下入开水锅内焯一下,捞出控水切成末,挤去水分;虾皮、玉兰片、粉条剁碎,加入豆芽末、精盐、葱姜末、花椒粉、植物油、香油搅拌均匀成馅料备用。

2.将面粉用温水拌匀和好,放入盆内,盖上湿布饧 30 min,当面团饧好后,取出,搓成长条,切成圆剂,撒上干面粉,擀成饺子皮,包入适量馅料,对折捏紧成饺子。

3. 锅内添水烧开,下入饺子搅动,防止粘锅,待水再次烧开后淋入少许清水,煮至饺子浮起熟透,捞出盛入盘内即可食用。

### 四、素肠豆芽水饺

【原料】面粉1500g,豆芽1500g,素香肠3根,水发木耳300g,植物油、香油、酱油、精盐、白胡椒粉、肉桂粉、香菜末、葱姜末各适量。

【制作】

1. 将素肠切成碎粒,木耳洗净切成末;豆芽择洗干净,下入开水锅内焯一下,捞出控水切成末,挤去水分,加入素肠粒、木耳末、香菜末、植物油、香油、酱油、白糖、精盐、肉桂粉、胡椒粉、葱姜末搅拌均匀成馅料备用。

2. 将面粉用温水拌匀和好,放入盆内,盖上湿布饧30 min,当面团饧好后,取出,搓成长条,切成圆剂,撒上干面粉,擀成饺子皮,包入适量馅料,对折捏紧成饺子。

3. 锅内添水烧开,下入饺子搅动,防止粘锅,待水再次烧开后淋入少许清水,煮至饺子浮起熟透,捞出盛入盘内即可食用。

### 五、小白菜素水饺

【原料】面粉1500g,小白菜1500g,鸡蛋6个,虾皮150g,水发粉丝300g,植物油、香油、酱油、精盐、花椒粉、葱姜末各适量。

【制作】

1. 将小白菜择洗干净,下入开水锅内焯一下,捞出控水切成末,挤去水分;虾皮切碎;鸡蛋磕入碗内,加入精盐打散,下入热油锅内炒熟铲碎;粉丝控水切碎,同小白菜末、虾皮末、鸡蛋碎一起混合,加入葱姜末、花椒粉、植物油、香油、酱油、精盐搅拌均匀成馅料备用。

2. 将面粉用温水拌匀和好,放入盆内,盖上湿布饧30 min,当面团饧好后,取出,搓成长条,切成圆剂,撒上干面粉,擀成饺子皮,包入适量馅料,对折捏紧成饺子。

3. 锅内添水烧开,下入饺子搅动,防止粘锅,待水再次烧开后淋入少许清水,煮至饺子浮起熟透,捞出盛入盘内即可食用。

## 六、豆腐香菇水饺

【原料】面粉 1500 g,豆腐 1500 g,虾皮 150 g,香菇 450 g,植物油、香油、精盐、花椒粉、葱姜末各适量。

【制作】

1. 将香菇洗净切成粒;虾皮切碎;豆腐下入开水锅内焯一下,捞出控水,晾凉抓碎,同香菇粒、虾皮末一同加入葱姜末、花椒粉、植物油、香油、精盐搅拌均匀成馅料备用。

2. 将面粉用温水拌匀和好,放入盆内,盖上湿布饧 30 min,当面团饧好后,取出,搓成长条,切成圆剂,撒上干面粉,擀成饺子皮,包入适量馅料,对折捏紧成饺子。

3. 锅内添水烧开,下入饺子搅动,防止粘锅,待水再次烧开后淋入少许清水,煮至饺子浮起熟透,捞出盛入盘内即可食用。

## 七、豆腐荸荠水饺

【原料】面粉 1500 g,豆腐 1500 g,荸荠 900 g,虾皮 150 g,植物油、香油、精盐、花椒粉、葱姜末各适量。

【制作】

1. 将荸荠去皮洗净切成粒;虾皮切碎;豆腐下入开水锅内焯一下,捞出控水,晾凉抓碎,同荸荠末、虾皮末混合,加入葱姜末、花椒粉、植物油、香油、精盐搅拌均匀成馅料备用。

2. 将面粉用温水拌匀和好,放入盆内,盖上湿布饧 30 min,当面团饧好后,取出,搓成长条,切成圆剂,撒上干面粉,擀成饺子皮,包入适量馅料,对折捏紧成饺子。

3. 锅内添水烧开,下入饺子搅动,防止粘锅,待水再次烧开后淋入少许清水,煮至饺子浮起熟透,捞出盛入盘内即可食用。

### 八、南瓜虾皮水饺

【原料】面粉 1500g,南瓜 1500g,虾皮 150g,植物油、香油、精盐、花椒粉、葱姜末各适量。

【制作】

1.将南瓜去皮、瓤洗净擦成丝,加入精盐拌匀腌片刻,挤去水分;虾皮切碎,加入南瓜丝、葱姜末、花椒粉、植物油、香油、精盐搅拌均匀成馅料备用。

2.将面粉用温水拌匀和好,放入盆内,盖上湿布饧 30 min,当面团饧好后,取出,搓成长条,切成圆剂,撒上干面粉,擀成饺子皮,包入适量馅料,对折捏紧成饺子。

3.锅内添水烧开,下入饺子搅动,防止粘锅,待水再次烧开后淋入少许清水,煮至饺子浮起熟透,捞出盛入盘内即可食用。

### 九、西葫芦素水饺

【原料】面粉 1500g,西葫芦 1000g,虾皮 150g,油条 3 根,植物油、香油、甜面酱、花椒粉、葱姜末各适量。

【制作】

1.将西葫芦去皮、瓤洗净擦成丝,加入精盐拌匀腌片刻,挤去水分;油条剁碎;虾皮切碎,同西葫芦丝、油条末混合,加入甜面酱、葱姜末、花椒粉、植物油、香油搅拌均匀成馅料备用。

2.将面粉用温水拌匀和好,放入盆内,盖上湿布饧 30 min,当面团饧好后,取出,搓成长条,切成圆剂,撒上干面粉,擀成饺子皮,包入适量馅料,对折捏紧成饺子。

3.锅内添水烧开,下入饺子搅动,防止粘锅,待水再次烧开后淋入少许清水,煮至饺子浮起熟透,捞出盛入盘内即可食用。

### 十、二冬韭黄水饺

【原料】面粉 1500g,韭黄 900g,冬菇、冬笋各 300g,植物油、香油、精盐、花椒粉、葱姜末各适量。

【制作】

1. 将韭黄择洗干净切成末,冬菇、冬笋均切末,一同加入精盐、葱姜末、花椒粉、植物油、香油搅拌均匀成馅料备用。

2. 将面粉用温水拌匀和好,放入盆内,盖上湿布饧 30 min,当面团饧好后,取出,搓成长条,切成圆剂,撒上干面粉,擀成饺子皮,包入适量馅料,对折捏紧成饺子。

3. 锅内添水烧开,下入饺子搅动,防止粘锅,待水再次烧开后淋入少许清水,煮至饺子浮起熟透,捞出盛入盘内即可食用。

## 十一、鸡蛋黄瓜水饺

【原料】面粉 1500 g,黄瓜 2250 g,鸡蛋 15 个,虾皮、粉条各 150 g,植物油、香油、酱油、精盐、花椒粉、葱姜末各适量。

【制作】

1. 将黄瓜洗净去瓤切成末,挤去水分;虾皮切碎;鸡蛋磕入碗内,加入精盐打散,下入热油锅内炒熟铲碎;粉丝用开水泡发,捞出控水切碎,同黄瓜末、鸡蛋碎、虾皮末、粉丝末混合,加入葱姜末、花椒粉、植物油、香油、精盐搅拌均匀成馅料备用。

2. 将面粉用温水拌匀和好,放入盆内,盖上湿布饧 30 min,当面团饧好后,取出,搓成长条,切成圆剂,撒上干面粉,擀成饺子皮,包入适量馅料,对折捏紧成饺子。

3. 锅内添水烧开,下入饺子搅动,防止粘锅,待水再次烧开后淋入少许清水,煮至饺子浮起熟透,捞出盛入盘内即可食用。

## 十二、鸡蛋韭菜水饺

【原料】面粉 1500 g,韭菜 600 g,鸡蛋 12 个,虾皮、粉丝、豆腐各 150 g,植物油、香油、酱油、精盐、花椒粉、葱姜末各适量。

【制作】

1. 将韭菜择洗干净切成末;虾皮切碎;鸡蛋磕入碗内,加入精盐打散,下入热油锅内炒熟铲碎;粉丝用开水泡发,捞出控水切碎;豆腐下入开水锅内焯一下,捞出控水晾凉抓碎,同韭菜末、鸡蛋碎、虾皮末、粉丝末混合,加入葱姜末、花椒粉、植物油、香油、酱油、精盐搅拌均匀成馅料备用。

2.将面粉用温水拌匀和好,放入盆内,盖上湿布饧 30 min,当面团饧好后,取出,搓成长条,切成圆剂,撒上干面粉,擀成饺子皮,包入适量馅料,对折捏紧成饺子。

3.锅内添水烧开,下入饺子搅动,防止粘锅,待水再次烧开后淋入少许清水,煮至饺子浮起熟透,捞出盛入盘内即可食用。

### 十三、鸡蛋荠菜水饺

【原料】面粉1500g,荠菜1500g,鸡蛋 18 个,虾皮150g,植物油、香油、精盐、花椒粉、葱姜末各适量。

【制作】

1.将荠菜择洗干净切成末;虾皮切碎;鸡蛋磕入碗内,加入精盐打散,下入热油锅内炒熟铲碎,加入荠菜末、虾皮末、葱姜末、花椒粉、植物油、香油、精盐搅拌均匀成馅料备用。

2.将面粉用温水拌匀和好,放入盆内,盖上湿布饧30 min,当面团饧好后,取出,搓成长条,切成圆剂,撒上干面粉,擀成饺子皮,包入适量馅料,对折捏紧成饺子。

3.锅内添水烧开,下入饺子搅动,防止粘锅,待水再次烧开后淋入少许清水,煮至饺子浮起熟透,捞出盛入盘内即可食用。

### 十四、鸡蛋番茄水饺

【原料】面粉1500g,番茄1500g,鸡蛋 18 个,植物油、香油、精盐、花椒粉、葱姜末各适量。

【制作】

1.将番茄洗净,用开水烫一下,去皮、瓤切成小粒,挤去水分;鸡蛋磕入碗内,加入精盐打散,下入热油锅内炒熟铲碎,加入番茄丁、葱姜末、花椒粉、植物油、香油、精盐搅拌均匀成馅料备用。

2.将面粉用温水拌匀和好,放入盆内,盖上湿布饧30 min,当面团饧好后,取出,搓成长条,切成圆剂,撒上干面粉,擀成饺子皮,包入适

量馅料,对折捏紧成饺子。

3.锅内添水烧开,下入饺子搅动,防止粘锅,待水再次烧开后淋入少许清水,煮至饺子浮起熟透,捞出盛入盘内即可食用。

## 十五、鸡蛋菠菜水饺

【原料】面粉1500g,菠菜900g,鸡蛋15个,水发木耳、水发海米、冬笋、水发粉丝各50g,植物油、香油、酱油、精盐、花椒粉、葱姜末各适量。

【制作】

1.将海米、粉丝、木耳、冬笋洗净切碎;鸡蛋磕入碗内,加入精盐打散,下入热油锅内炒熟铲碎;菠菜择洗干净切碎,挤去水分,同海米、鸡蛋、粉丝、冬笋、木耳一起混合,加入植物油、香油、酱油、葱花、精盐、花椒粉、葱姜末搅拌均匀成馅料备用。

2.将面粉用温水拌匀和好,放入盆内,盖上湿布饧30 min,当面团饧好后,取出,搓成长条,切成圆剂,撒上干面粉,擀成饺子皮,包入适量馅料,对折捏紧成饺子。

3.锅内添水烧开,下入饺子搅动,防止粘锅,待水再次烧开后淋入少许清水,煮至饺子浮起熟透,捞出盛入盘内即可食用。

## 十六、鸡蛋胡萝卜水饺

【原料】面粉1500g,胡萝卜1200g,鸡蛋15个,水发海米、水发粉丝各150g,植物油、香油、酱油、精盐、白糖、花椒粉、葱姜末各适量。

【制作】

1.将海米、粉丝洗净切碎;鸡蛋磕入碗内,加入精盐打散,下入热油锅内炒熟铲碎;胡萝卜洗净擦成丝,加入精盐拌匀腌片刻,挤去水分,同海米、鸡蛋、粉丝混合,加入植物油、香油、酱油、葱花、精盐、白糖、花椒粉、葱姜末搅拌均匀成馅料备用。

2.将面粉用温水拌匀和好,放入盆内,盖上湿布饧30 min,当面团饧好后,取出,搓成长条,切成圆剂,撒上干面粉,擀成饺子皮,包入适

量馅料,对折捏紧成饺子。

3. 锅内添水烧开,下入饺子搅动,防止粘锅,待水再次烧开后淋入少许清水,煮至饺子浮起熟透,捞出盛入盘内即可食用。

### 十七、翡翠玉米水饺

【原料】面粉2250g,玉米粒600g,胡萝卜、香菇各300g,青菜1500g,植物油、香油、精盐、白糖、鸡精、葱姜末各适量。

【制作】

1. 将青菜择洗干净,下入开水锅内焯一下,捞出控水剁碎,挤出菜汁(留用);胡萝卜洗净擦成丝,加入精盐拌匀腌片刻,挤去水分;香菇洗净切粒,同玉米粒、胡萝卜丝混合,加入植物油、香油、精盐、鸡精、葱姜末、白糖搅拌均匀成馅料备用。

2. 将面粉、青菜汁用温水拌匀和好,放入盆内,盖上湿布饧30min,当面团饧好后,取出,搓成长条,切成圆剂,撒上干面粉,擀成饺子皮,包入适量馅料,对折捏紧成饺子。

3. 锅内添水烧开,下入饺子搅动,防止粘锅,待水再次烧开后淋入少许清水,煮至饺子浮起熟透,捞出盛入盘内即可食用。

## 第八节　其他馅水饺加工实例

### 一、驴肉水饺

【原料】面粉1500g,驴肉末1500g,植物油、酱油、精盐、鸡精、花椒粉、葱姜末各适量。

【制作】

1. 驴肉末内加入植物油、酱油、精盐、花椒粉、鸡精、葱姜末拌匀成馅料。

2. 将面粉用温水拌匀和好,放入盆内,盖上湿布饧30 min,当面团饧好后,取出,搓成长条,切成圆剂,撒上干面粉,擀成饺子皮,包入适量馅料,对折捏紧成饺子。

3. 锅内添水烧开,下入饺子搅动,防止粘锅,待水再次烧开后淋入少许清水,煮至饺子浮起熟透,捞出盛入盘内即可食用。

## 二、韭菜鸽肉水饺

【原料】面粉 1500g,鸽肉 900g,韭菜 300g,植物油、香油、精盐、酱油、鸡精、五香粉、姜末各适量。

【制作】

1. 将鸽肉洗净剁成蓉,韭菜择洗干净切成末,一同加入姜末、植物油、酱油、五香粉以及少许鸡精、香油拌匀成馅,在捏制之前再加入适量精盐,防止因馅料出水,而使馅料的鲜味流失。

2. 将面粉用温水拌匀和好,放入盆内,盖上湿布饧 30 min,当面团饧好后,取出,搓成长条,切成圆剂,撒上干面粉,擀成饺子皮,包入适量馅料,对折捏紧成饺子。

3. 锅内添水烧开,下入饺子搅动,防止粘锅,待水再次烧开后淋入少许清水,煮至饺子浮起熟透,捞出盛入盘内即可食用。

## 三、兔肉豆豉水饺

【原料】面粉 1500g,兔肉 1500g,植物油、香油、酱油、料酒、鸡精、五香粉、豆豉、精盐、葱姜末各适量。

【制作】

1. 将兔肉洗净,同豆豉一同剁碎,加入葱姜末、精盐、植物油、香油、酱油、五香粉、鸡精、料酒拌匀成馅。

2. 将面粉用温水拌匀和好,放入盆内,盖上湿布饧 30 min,当面团饧好后,取出,搓成长条,切成圆剂,撒上干面粉,擀成饺子皮,包入适量馅料,对折捏紧成饺子。

3. 锅内添水烧开,下入饺子搅动,防止粘锅,待水再次烧开后淋入少许清水,煮至饺子浮起熟透,捞出盛入盘内即可食用。

## 四、鸭肉香菇水饺

【原料】面粉 1500g,鸭脯肉 900g,香菇 600g,香油、精盐、料酒、花椒粉、葱姜末各适量。

【制作】

1. 将鸭脯肉洗净剁成蓉,香菇洗净切碎丁,加入葱姜末、精盐、香油、花椒粉、料酒搅拌均匀成馅。

2. 将面粉用温水拌匀和好,放入盆内,盖上湿布饧 30 min,当面团饧好后,取出,搓成长条,切成圆剂,撒上干面粉,擀成饺子皮,包入适量馅料,对折捏紧成饺子。

3. 锅内添水烧开,下入饺子搅动,防止粘锅,待水再次烧开后淋入少许清水,煮至饺子浮起熟透,捞出盛入盘内即可食用。

### 五、鸭肉榨菜汤饺

【原料】面粉 1500g,鸭脯肉 1200g,香油、精盐、白糖、胡椒粉、榨菜末、香菜末、葱姜末各适量。

【制作】

1. 将鸭脯肉洗净,下入开水锅内煮 15min,取少许切片装盘,撒香菜末;余下剁成末,汤备用。

2. 鸭肉末内加入榨菜末、葱姜末、精盐、白糖、香油、胡椒粉拌匀成馅。

3. 将面粉用温水拌匀和好,放入盆内,盖上湿布饧 30 min,当面团饧好后,取出,搓成长条,切成圆剂,撒上干面粉,擀成饺子皮,包入适量馅料,对折捏紧成饺子。

4. 锅内添水烧开,下入饺子搅动,防止粘锅,待水再次烧开后淋入少许清水,煮至饺子浮起熟透,捞出盛入碗内。

5. 锅内添入鸭汤,加入精盐、白糖烧开,倒入饺子碗内即可。

### 六、鹅肝粉水饺

【原料】面粉 900g,鹅肝 600g,粉条 450g,植物油、香油、精盐、白糖、胡椒粉、姜末、葱花、芦笋、蘑菇、黑木耳丝各适量。

【制作】

1. 将鹅肝洗净,下入开水锅内焯一下,捞出晾凉,挑去筋后压成泥;

粉条用开水泡软,捞出控水,切成碎粒;蘑菇、芦笋分别洗净切碎粒。

2.将鹅肝泥、粉条、蘑菇、芦笋混合,加入植物油、香油、精盐、白糖、胡椒粉、姜末搅拌均匀成馅料。

3.将面粉用温水拌和好,放入盆内,盖上湿布饧 30 min,当面团饧好后,取出,搓成长条,切成圆剂,撒上干面粉,擀成饺子皮,包入适量馅料,对折捏紧成饺子。

4.锅内添水烧开,下入饺子搅动,防止粘锅,待水再次烧开后淋入少许清水,煮至饺子浮起熟透,捞出盛入碗内。

5.另取锅添水烧开,加入精盐、木耳丝、蒜末略煮,再放入煮熟的饺子即可食用。

## 七、蛋贝水饺

【原料】面粉 1500g,冬笋 600g,水发干贝 300g,咸鸭蛋黄 30 个,植物油、香油、精盐、葱姜末各适量。

【制作】

1.将蛋黄压成蓉,冬笋洗净切成末,干贝洗净蒸熟切成末,一同混合,再加入植物油、香油、精盐、葱姜末搅拌均匀成馅料备用。

2.将面粉用温水拌匀和好,放入盆内,盖上湿布饧 30 min,当面团饧好后,取出,搓成长条,切成圆剂,撒上干面粉,擀成饺子皮,包入适量馅料,对折捏紧成饺子。

3.锅内添水烧开,下入饺子搅动,防止粘锅,待水再次烧开后淋入少许清水,煮至饺子浮起熟透,捞出盛入盘内即可食用。

## 八、蟹味水饺

【原料】面粉 2250g,蟹肉、虾仁、水发干贝各 450g,白菜 300g,水发冬菇 150g,鸡蛋 15 个,植物油、香油、白酱油、料酒、精盐、白糖、葱姜末各适量。

【制作】

1.将虾仁剁成蓉;水发干贝洗净,蒸熟撕碎;冬菇洗净切碎;白菜洗净剁成末,挤去水分。

2.将蟹肉、虾仁蓉、干贝末、冬菇末、白菜末混合,再加入植物油、香油、酱油、料酒、精盐、白糖、葱姜末搅拌均匀成馅料备用。

3.将面粉用温水拌匀和好,放入盆内,盖上湿布饧30 min,当面团饧好后,取出,搓成长条,切成圆剂,撒上干面粉,擀成饺子皮,包入适量馅料,对折捏紧成饺子。

4.锅内添水烧开,下入饺子搅动,防止粘锅,待水再次烧开后淋入少许清水,煮至饺子浮起熟透,捞出盛入盘内即可食用。

### 九、海蛎白菜水饺

【原料】面粉2250g,海蛎肉900g,白菜1500g,植物油、香油、料酒、精盐、胡椒粉、香菜末、葱姜末各适量。

【制作】

1.将白菜洗净剁碎,挤去水分;海蛎肉洗净切丁,加入碎白菜、植物油、香油、精盐、料酒、胡椒粉、香菜末、葱姜末搅拌均匀成馅。

2.将面粉用温水拌匀和好,放入盆内,盖上湿布饧30 min,当面团饧好后,取出,搓成长条,切成圆剂,撒上干面粉,擀成饺子皮,包入适量馅料,对折捏紧成饺子。

3.锅内添水烧开,下入饺子搅动,防止粘锅,待水再次烧开后淋入少许清水,煮至饺子浮起熟透,捞出盛入盘内即可食用。

### 十、海蛎萝卜水饺

【原料】面粉1500g,鲜海蛎肉200g,萝卜900g,植物油、香油、料酒、精盐、胡椒粉、香菜末、熟芝麻、葱姜末各适量。

【制作】

1.将萝卜洗净擦成丝,加入精盐拌匀腌片刻,挤去水分切成末;海蛎洗净切丁,加入萝卜末、植物油、香油、精盐、料酒、胡椒粉、香菜末、熟芝麻、葱姜末搅拌均匀成馅。

2.将面粉用温水拌匀和好,放入盆内,盖上湿布饧30 min,当面团饧好后,取出,搓成长条,切成圆剂,撒上干面粉,擀成饺子皮,包入适

量馅料,对折捏紧成饺子。

3.锅内添水烧开,下入饺子搅动,防止粘锅,待水再次烧开后淋入少许清水,煮至饺子浮起熟透,捞出盛入盘内即可食用。

### 十一、鲜蛤韭菜水饺

【原料】面粉 1500g,鲜蛤肉 600g,韭菜 900g,植物油、香油、料酒、精盐、胡椒粉、香菜末、姜末各适量。

【制作】

1.将韭菜洗净切成末;鲜蛤洗净,下入开水锅内略焯,捞出切丁,加入韭菜末、植物油、香油、精盐、料酒、胡椒粉、香菜末、姜末搅拌均匀成馅。

2.将面粉用温水拌匀和好,放入盆内,盖上湿布饧 30 min,当面团饧好后,取出,搓成长条,切成圆剂,撒上干面粉,擀成饺子皮,包入适量馅料,对折捏紧成饺子。

3.锅内添水烧开,下入饺子搅动,防止粘锅,待水再次烧开后淋入少许清水,煮至饺子浮起熟透,捞出盛入盘内即可食用。

# 第七章　蒸饺加工实例

## 第一节　猪肉馅蒸饺加工实例

### 一、猪肉白菜蒸饺

【原料】面粉 2250g，猪肉末 1200g，白菜 1500g，植物油、香油、酱油、精盐、鸡精、五香粉、葱姜末各适量。

【制作】

1. 将白菜洗净剁成末，同猪肉末混合，加入植物油、酱油、五香粉、葱姜末以及少许鸡精、香油，搅拌均匀成馅，在捏制之前再加入适量精盐，防止因馅料出水，而使馅料的鲜味流失。

2. 将面粉用温水拌匀和好，放入盆内，盖上湿布饧 10 min，当面团饧好后，取出，搓成长条，切成圆剂，撒上干面粉，擀成饺子皮，包入适量馅料，对折捏紧成饺子。

3. 将捏好的饺子上蒸锅蒸熟即可食用。

### 二、猪肉卷心菜蒸饺

【原料】面粉 2250g，猪肉末 1200g，卷心菜 1500g，植物油、香油、酱油、精盐、鸡精、花椒粉、葱姜末各适量。

【制作】

1. 将卷心菜洗净，下入开水锅内略焯，捞出晾凉剁成末，挤去水分，同猪肉末混合，加入植物油、香油、酱油、精盐、鸡精、五香粉、葱姜末拌匀成馅料。

2. 将面粉用温水拌匀和好,放入盆内,盖上湿布饧 10 min,当面团饧好后,取出,搓成长条,切成圆剂,撒上干面粉,擀成饺子皮,包入适量馅料,对折捏紧成饺子。

3. 将捏好的饺子上蒸锅蒸熟即可食用。

### 三、猪肉大葱蒸饺

【原料】面粉 2250g,猪肉末 1200g,葱 1500g,植物油、香油、酱油、精盐、鸡精、五香粉、姜末各适量。

【制作】

1. 将葱择洗干净剁成末,同猪肉末混合,加入植物油、酱油、精盐、五香粉、姜末以及少许鸡精、香油拌匀成馅,在捏制之前再加入适量精盐,防止因馅料出水,而使馅料的鲜味流失。搅打均匀成黏稠馅料备用。

2. 将面粉用温水拌匀和好,放入盆内,盖上湿布饧 10 min,当面团饧好后,取出,搓成长条,切成圆剂,撒上干面粉,擀成饺子皮,包入适量馅料,对折捏紧成饺子。

3. 将捏好的饺子上蒸锅蒸熟即可食用。

### 四、猪肉酸菜蒸饺

【原料】面粉 2250g,猪肉末 1200g,酸菜 1500g,植物油、香油、酱油、精盐、鸡精、五香粉、葱姜末各适量。

【制作】

1. 将酸菜洗净剁成末,挤去水分,同猪肉末一起加入植物油、香油、酱油、精盐、鸡精、五香粉、葱姜末拌匀成馅料备用。

2. 将面粉用温水拌匀和好,放入盆内,盖上湿布饧 10 min,当面团饧好后,取出,搓成长条,切成圆剂,撒上干面粉,擀成饺子皮,包入适量馅料,对折捏紧成饺子。

3. 将捏好的饺子上蒸锅蒸熟即可食用。

### 五、猪肉韭黄蒸饺

【原料】面粉 1500 g,猪肉末 900 g,韭黄 600 g,植物油、香油、酱油、料酒、精盐、鸡精、五香粉、姜末各适量。

【制作】

1. 将韭黄择洗干净切成末,同猪肉末混合,加入植物油、香油、酱油、鸡精、五香粉、姜末拌匀,在捏制之前再加入适量精盐,防止因馅料出水,而使馅料的鲜味流失。

2. 将面粉用温水拌匀和好,放入盆内,盖上湿布饧 10 min,当面团饧好后,取出,搓成长条,切成圆剂,撒上干面粉,擀成饺子皮,包入适量馅料,对折捏紧成饺子。

3. 将捏好的饺子上蒸锅蒸熟即可食用。

### 六、猪肉韭菜蒸饺

【原料】面粉 1500 g,猪肉末 900 g,韭菜 900 g,植物油、香油、酱油、精盐、鸡精、五香粉、姜末各适量。

【制作】

1. 将韭菜择洗干净切成末,同猪肉末混合,加入植物油、香油、酱油、鸡精、料酒、五香粉、姜末搅拌均匀,在捏制之前再加入适量精盐,防止因馅料出水,而使馅料的鲜味流失。

2. 将面粉用温水拌匀和好,放入盆内,盖上湿布饧 10 min,当面团饧好后,取出,搓成长条,切成圆剂,撒上干面粉,擀成饺子皮,包入适量馅料,对折捏紧成饺子。

3. 将捏好的饺子上蒸锅蒸熟即可食用。

### 七、猪肉韭菜鸡蛋蒸饺

【原料】面粉 2250 g,猪肉末 900 g,韭菜 750 g,鸡蛋 750 g,植物油、香油、酱油、精盐、花椒粉、姜末各适量。

【制作】

1. 将韭菜择洗干净切成末;鸡蛋磕入碗内加精盐打散,下入热油锅内炒熟铲碎。

2.猪肉末内加入韭菜末、鸡蛋、植物油、香油、酱油、精盐、花椒粉、姜末搅拌均匀成馅料。

3.将面粉用温水拌匀和好,放入盆内,盖上湿布饧 10 min,当面团饧好后,取出,搓成长条,切成圆剂,撒上干面粉,擀成饺子皮,包入适量馅料,对折捏紧成饺子。

4.将捏好的饺子上蒸锅蒸熟即可食用。

### 八、猪肉茄子蒸饺

【原料】面粉2250g,猪肉末 900g,茄子 900g,植物油、香油、酱油、精盐、鸡精、五香粉、葱姜末各适量。

【制作】

1.将茄子洗净切成末,同猪肉末混合,加入植物油、香油、酱油、精盐、鸡精、五香粉、葱姜末拌匀成馅料备用。

2.将面粉用温水拌匀和好,放入盆内,盖上湿布饧 10 min,当面团饧好后,取出,搓成长条,切成圆剂,撒上干面粉,擀成饺子皮,包入适量馅料,对折捏紧成饺子。

3.将捏好的饺子上蒸锅蒸熟即可食用。

### 九、猪肉扁豆蒸饺

【原料】面粉2250g,猪肉末 1200g,扁豆 900g,植物油、香油、酱油、精盐、黄酱、鸡精、五香粉、鸡汤、葱姜末各适量。

【制作】

1.将扁豆择洗干净切成末,同猪肉末一起下入热油锅内煸炒片刻,再加入香油、精盐、酱油、黄酱、鸡精、五香粉、葱姜末、少许鸡汤炒匀成馅料。

2.将面粉用温水拌匀和好,放入盆内,盖上湿布饧 10 min,当面团饧好后,取出,搓成长条,切成圆剂,撒上干面粉,擀成饺子皮,包入适量馅料,对折捏紧成饺子。

3.将捏好的饺子上蒸锅蒸熟即可食用。

## 十、猪肉菜花蒸饺

【原料】面粉2250g,猪肉末900g,菜花600g,植物油、香油、酱油、精盐、鸡精、五香粉、葱姜末各适量。

【制作】

1.将菜花洗净掰成小朵,下入开水锅内略焯,捞出晾凉剁碎,同猪肉末混合,加入植物油、香油、精盐、酱油、鸡精、五香粉、葱姜末搅拌均匀成馅料。

2.将面粉用温水拌匀和好,放入盆内,盖上湿布饧10 min,当面团饧好后,取出,搓成长条,切成圆剂,撒上干面粉,擀成饺子皮,包入适量馅料,对折捏紧成饺子。

3.将捏好的饺子上蒸锅蒸熟即可食用。

## 十一、猪肉笋丁蒸饺

【原料】面粉2250g,猪肉末900g,熟笋600g,虾子75g,植物油、香油、酱油、精盐、鸡精、五香粉、葱姜末各适量。

【制作】

1.将笋切成丁,同猪肉末一起下入热油锅内煸炒片刻,再加入香油、精盐、酱油、鸡精、五香粉、葱姜末、虾子炒匀成馅料。

2.将面粉用温水拌匀和好,放入盆内,盖上湿布饧10 min,当面团饧好后,取出,搓成长条,切成圆剂,撒上干面粉,擀成饺子皮,包入适量馅料,对折捏紧成饺子。

3.将捏好的饺子上蒸锅蒸熟即可食用。

## 十二、猪肉豆芽蒸饺

【原料】面粉1500g,猪肉末900g,豆芽900g,粉丝300g,植物油、香油、酱油、精盐、鸡精、五香粉、葱姜末各适量。

【制作】

1.将豆芽洗净切成末,挤去水分;粉丝用开水泡发,捞出控水切成末。

2.将猪肉末、豆芽、粉丝混合,加入植物油、香油、精盐、酱油、鸡精、五香粉、葱姜末搅拌均匀成馅料。

3.将面粉用温水拌匀和好,放入盆内,盖上湿布饧10 min,当面团饧好后,取出,搓成长条,切成圆剂,撒上干面粉,擀成饺子皮,包入适量馅料,对折捏紧成饺子。

4.将捏好的饺子上蒸锅蒸熟即可食用。

### 十三、猪肉火腿蒸饺

【原料】面粉2250g,猪肉末、火腿各150g,青菜1500g,植物油、香油、白糖、精盐、鸡精、葱姜末各适量。

【制作】

1.将青菜择洗干净,下入开水锅内焯片刻,捞出控水切成碎末,挤去水分;火腿切成碎粒,加入猪肉末、青菜末、植物油、香油、精盐、白糖、鸡精、葱姜末搅拌均匀成馅料。

2.将面粉用温水拌匀和好,放入盆内,盖上湿布饧10 min,当面团饧好后,取出,搓成长条,切成圆剂,撒上干面粉,擀成饺子皮,包入适量馅料,对折捏紧成饺子。

3.将捏好的饺子上蒸锅蒸熟即可食用。

### 十四、宣威火腿蒸饺

【原料】面粉2250g,猪肉末900g,宣威火腿600g,冬笋300g,香油、酱油、料酒、花椒水、葱各适量。

【制作】

1.将火腿蒸熟后切丁,冬笋、葱均切丁,同猪肉末混合,加入香油、酱油、花椒水、料酒搅拌均匀成馅料备用。

2.将面粉用温水拌匀和好,放入盆内,盖上湿布饧10 min,当面团饧好后,取出,搓成长条,切成圆剂,撒上干面粉,擀成饺子皮,包入适量馅料,对折捏紧成饺子。

3.将捏好的饺子上蒸锅蒸熟即可食用。

### 十五、猪肉雪菜蒸饺

【原料】面粉 2250g,酱猪肉 900g,腌雪菜 450g,熟笋 150g,植物油、香油、酱油、白糖、鸡精、干面粉各适量。

【制作】

1. 将酱猪肉切成丁,雪菜洗净切成末,笋切丁,一起下入热油锅内煸炒片刻,再加入香油、酱油、白糖、鸡精搅拌均匀成馅料。

2. 将面粉用温水拌匀和好,放入盆内,盖上湿布饧 10 min,当面团饧好后,取出,搓成长条,切成圆剂,撒上干面粉,擀成饺子皮,包入适量馅料,对折捏紧成饺子。

3. 将捏好的饺子上蒸锅蒸熟即可食用。

### 十六、猪肉干菜蒸饺

【原料】面粉 1500g,酱猪肉 900g,干咸菜 300g,植物油、香油、酱油、料酒、鸡精、五香粉、虾子、葱姜末各适量。

【制作】

1. 将干咸菜用清水浸泡 1h,洗净切成末,挤去水分;酱熟猪肉切成丁,同干菜末一起下入热油锅内煸炒片刻,再加入香油、酱油、鸡精、五香粉、葱姜末、虾子,搅拌炒匀成馅料备用。

2. 将面粉用温水拌匀和好,放入盆内,盖上湿布饧 10 min,当面团饧好后,取出,搓成长条,切成圆剂,撒上干面粉,擀成饺子皮,包入适量馅料,对折捏紧成饺子。

3. 将捏好的饺子上蒸锅蒸熟即可食用。

### 十七、猪肉三丁蒸饺

【原料】面粉 2250g,酱猪肉 900g,熟鸡脯肉、熟笋各 300g,植物油、香油、酱油、白糖、精盐、鸡精、胡椒粉、鸡汤、葱姜末各适量。

【制作】

1. 将酱猪肉、熟鸡肉、熟笋均切成丁,下入热油锅内煸炒片刻,再加入香油、精盐、酱油、白糖、鸡精、胡椒粉、葱姜末、少许鸡汤炒匀成馅料。

2.将面粉用温水拌匀和好,放入盆内,盖上湿布饧10 min,当面团饧好后,取出,搓成长条,切成圆剂,撒上干面粉,擀成饺子皮,包入适量馅料,对折捏紧成饺子。

3.将捏好的饺子上蒸锅蒸熟即可食用。


### 十八、猪肉芹菜蒸饺

【原料】面粉2250g,猪肉末900g,芹菜1500g,植物油、香油、甜面酱、精盐、鸡精、五香粉、葱姜末各适量。

【制作】

1.将芹菜择洗干净,下入开水锅内略烫捞出,过凉控水切成末,挤去水分,同猪肉末混合,加入香油、精盐、甜面酱、鸡精、五香粉、葱姜末搅拌均匀成馅料。

2.将面粉用温水拌匀和好,放入盆内,盖上湿布饧10 min,当面团饧好后,取出,搓成长条,切成圆剂,撒上干面粉,擀成饺子皮,包入适量馅料,对折捏紧成饺子。

3.将捏好的饺子上蒸锅蒸熟即可食用。


### 十九、猪肉冬瓜蒸饺

【原料】面粉2250g,猪肉末900g,冬瓜900g,香菇300g,植物油、香油、精盐、鸡精、葱姜末各适量。

【制作】

1.将冬瓜去皮、瓤洗净切成小丁,下入开水锅内焯片刻,捞出控水;香菇洗净切丁。

2.将猪肉末、冬瓜丁、香菇丁一起下入热油锅内煸炒片刻,再加入香油、精盐、鸡精、葱姜末炒匀成馅料。

3.将面粉用温水拌匀和好,放入盆内,盖上湿布饧10 min,当面团饧好后,取出,搓成长条,切成圆剂,撒上干面粉,擀成饺子皮,包入适量馅料,对折捏紧成饺子。

4.将捏好的饺子上蒸锅蒸熟即可食用。

### 二十、猪肉西葫芦蒸饺

【原料】面粉2250g,猪肉末1200g,西葫芦1200g,植物油、香油、酱油、精盐、鸡精、葱姜末各适量。

【制作】

1. 将西葫芦去皮、瓤洗净擦成丝,挤去水分;猪肉末内加入精盐、鸡精、葱姜末、酱油搅拌至黏稠,再放入西葫芦丝、植物油、香油拌匀成馅料。

2. 将面粉用温水拌匀和好,放入盆内,盖上湿布饧10 min,当面团饧好后,取出,搓成长条,切成圆剂,撒上干面粉,擀成饺子皮,包入适量馅料,对折捏紧成饺子。

3. 将捏好的饺子上蒸锅蒸熟即可食用。

### 二十一、猪肉葫芦蒸饺

【原料】面粉2250g,猪五花肉末900g,葫芦1500g,植物油、香油、酱油、精盐、鸡精、葱姜末各适量。

【制作】

1. 将葫芦去皮、瓤洗净擦成丝,挤去水分;猪肉末内加入精盐、鸡精、葱姜末、酱油搅拌至黏稠,再放入葫芦丝、植物油、香油拌匀成馅料。

2. 将面粉用温水拌匀和好,放入盆内,盖上湿布饧10 min,当面团饧好后,取出,搓成长条,切成圆剂,撒上干面粉,擀成饺子皮,包入适量馅料,对折捏紧成饺子。

3. 将捏好的饺子上蒸锅蒸熟即可食用。

### 二十二、猪肉芋泥南瓜蒸饺

【原料】糯米粉2250g,猪瘦肉丁200g,南瓜、芋头各900g,香菇丁50g,植物油、香油、料酒、精盐、味精各适量。

【制作】

1. 将芋头去皮洗净,上锅蒸熟,取出晾凉压成泥,加入肉丁、香菇丁、料酒、植物油、香油、精盐、味精拌匀成馅。

2.将南瓜去皮洗净,上锅蒸熟,晾凉压成蓉,加入糯米粉用热水拌匀和好,放入盆内,盖上湿布饧10min,当面团饧好后,取出,搓成长条,切成圆剂,撒上干面粉,擀成饺子皮,包入适量馅料,对折捏紧成饺子。

3.将捏好的饺子上蒸锅蒸熟即可食用。

## 二十三、猪肉山药蒸饺

【原料】面粉2250g,猪肉末、山药各1200g,植物油、香油、精盐、白糖、五香粉、白胡椒粉、葱花、姜末各适量。

【制作】

1.将山药去皮洗净切片,上锅蒸熟,晾凉压成泥,加入猪肉末、植物油、香油、葱花、姜末、精盐、白糖、五香粉、白胡椒粉搅拌均匀成黏稠馅料。

2.将面粉用热水搅拌均匀和好,放入盆内,盖上湿布饧10min,当面团饧好后,取出,搓成长条,切成圆剂,撒上干面粉,擀成饺子皮,包入适量馅料,对折捏紧成饺子,码入抹上油的平盘,喷少许水备用。

3.蒸锅添水烧开,放入平盘,盖盖,大火蒸15min即可。

## 二十四、猪肉花边蒸饺

【原料】干淀粉1500g,猪肉末1500g,植物油、香油、精盐、鸡精、葱姜末、干面粉各适量。

【制作】

1.猪肉末内加入鸡精、精盐、植物油、香油、葱姜末、少许水搅打成黏稠的馅料备用。

2.将少许干淀粉加水搅匀成糊状,倒入开水锅内搅匀至熟,再放入余下干淀粉搅拌均匀,晾凉后和好,搓成长条,切成圆剂,撒上干面粉,擀成饺子皮,包入适量馅料,对折捏紧成半圆形,推捏出花边。

3.将花边饺子上蒸锅蒸熟即可食用。

### 二十五、猪肉豆腐蒸饺

【原料】面粉 2250g,猪肉末 900g,豆腐 900g,虾仁 300g,植物油、香油、精盐、鸡精、花椒粉、葱姜末各适量。

【制作】

1. 将豆腐洗净捏碎,虾仁洗净切碎粒,同猪肉末混合,加入植物油、香油、葱姜末、精盐、花椒粉、鸡精拌匀成馅料。

2. 将面粉用温水拌匀和好,放入盆内,盖上湿布饧 10 min,当面团饧好后,取出,搓成长条,切成圆剂,撒上干面粉,擀成饺子皮,包入适量馅料,对折捏紧成饺子。

3. 将捏好的饺子上蒸锅蒸熟即可食用。

### 二十六、猪肉酱香蒸饺(1)

【原料】面粉 2250g,酱猪肉 1500g,白菜 900g,植物油、香油、白糖、精盐、鸡精、胡椒粉、料酒、鸡汤、葱姜末各适量。

【制作】

1. 将白菜洗净剁成末,挤去水分;酱猪肉切成小丁,加入白菜、酱油、植物油、精盐、香油、鸡精、白糖、胡椒粉、料酒、鸡汤拌匀成馅料备用。

2. 将面粉用温水拌匀和好,放入盆内,盖上湿布饧 10 min,当面团饧好后,取出,搓成长条,切成圆剂,撒上干面粉,擀成饺子皮,包入适量馅料,对折捏紧成饺子。

3. 将捏好的饺子上蒸锅蒸熟即可食用。

### 二十七、猪肉酱香蒸饺(2)

【原料】面粉 1500g,猪肉末 1200g,猪皮冻 600g,植物油、香油、精盐、鸡精、胡椒粉、料酒、虾子、葱姜末各适量。

【制作】

1. 将酱猪肉、猪皮冻均切成小丁,加入酱油、植物油、精盐、香油、鸡精、胡椒粉、料酒、葱姜蒜末、虾子拌匀成馅料备用。

2. 将面粉用温水拌匀和好,放入盆内,盖上湿布饧 10 min,当面团饧好后,取出,搓成长条,切成圆剂,撒上干面粉,擀成饺子皮,包入适量馅料,对折捏紧成饺子。

3. 将捏好的饺子上蒸锅蒸熟即可食用。

### 二十八、猪肉酱香蒸饺(3)

【原料】面粉 2250g,酱猪肉 400g,菠菜 900g,冬笋、火腿各 50g,植物油、香油、白糖、精盐、鸡精、葱姜末各适量。

【制作】

1. 将菠菜择洗干净切成末;冬笋、火腿分别切小丁;酱猪肉切成小丁,加入菠菜末、冬笋丁、火腿丁、酱油、植物油、精盐、香油、鸡精、白糖、葱姜末拌匀成馅料备用。

2. 将面粉用温水拌匀和好,放入盆内,盖上湿布饧 10 min,当面团饧好后,取出,搓成长条,切成圆剂,撒上干面粉,擀成饺子皮,包入适量馅料,对折捏紧成饺子。

3. 将捏好的饺子上蒸锅蒸熟即可食用。

### 二十九、猪肉茶味蒸饺

【原料】面粉 1500g,猪肉末 900g,绿茶、青豆、胡萝卜、玉米粒、植物油、香油、耗油、白糖、精盐、鸡精、胡椒粉各适量。

【制作】

1. 将胡萝卜洗净切成小丁;绿茶用开水冲泡片刻,捞出切成末,同猪肉末、胡萝卜丁、青豆、玉米粒混合,加入植物油、香油、蚝油、精盐、鸡精、胡椒粉、白糖拌匀成馅。

2. 将面粉加精盐、植物油、热水搅拌均匀和好,放入盆内,盖上湿布饧 10 min,当面团饧好后,取出,搓成长条,切成圆剂,撒上干面粉,擀成饺子皮,包入适量馅料,对折捏紧成饺子。

3. 将捏好的饺子上蒸锅蒸熟即可食用。

### 三十、猪肉南瓜蒸饺

【原料】面粉2250g,瘦猪肉1200g,老南瓜750g,植物油、香油、甜面酱、胡椒粉、精盐、鸡精、葱花、姜末各适量。

【制作】

1.将老南瓜去皮瓤洗净,猪肉上锅蒸熟,均切成小粒。

2.炒锅注油烧热,下入姜末爆香,放入南瓜粒、猪肉粒,加入精盐炒散,再加入甜面酱炒匀盛出,晾凉后加入鸡精、胡椒粉、香油、葱花拌匀成馅。

2.将面粉用温水拌匀和好,放入盆内,盖上湿布饧10 min,当面团饧好后,取出,搓成长条,切成圆剂,撒上干面粉,擀成饺子皮,包入适量馅料,对折捏紧成饺子。

3.将捏好的饺子上蒸锅蒸熟即可食用。

### 三十一、猪肉玫瑰蒸饺

【原料】面粉1500g,猪肉末1200g,植物油、白糖、精盐、芝麻、玫瑰酱各适量。

【制作】

1.将猪肉末加入植物油、白糖、芝麻、玫瑰酱、精盐搅拌均匀成黏稠馅料。

2.将面粉用温水拌匀和好,放入盆内,盖上湿布饧10 min,当面团饧好后,取出,搓成长条,切成圆剂,撒上干面粉,擀成饺子皮,包入适量馅料,对折捏紧成饺子。

3.将捏好的饺子上蒸锅蒸熟即可食用。

### 三十二、猪肉凉薯蒸饺

【原料】面粉2250g,猪肉末900g,鲜藕、凉薯各300g,植物油、香油、精盐、鸡精、花椒粉、大米浆、姜末各适量。

【制作】

1.将鲜藕、凉薯均去皮洗净剁成末,同猪肉末混合,加入植物油、香油、精盐、鸡精、花椒粉、姜末拌匀成馅备用。

2.将大米浆上锅蒸熟,倒入面粉内搅拌均匀和好,放入盆内,盖上湿布饧10 min,当面团饧好后,取出,搓成长条,切成圆剂,撒上干面粉,擀成饺子皮,包入适量馅料,对折捏紧成饺子。

3.将捏好的饺子上蒸锅蒸熟即可食用。

### 三十三、猪肉三鲜蒸饺

【原料】米粉2250g,猪后腿肉末1200g,火腿、冬笋各300g,植物油、香油、酱油、料酒、胡椒粉、精盐、葱姜末各适量。

【制作】

1.将米粉加适量清水揉匀成光滑粉团,反复揉搓至均匀,盖上湿布备用。

2.将火腿、冬笋均切成粒;猪肉末下入热油锅内,加入葱姜末、料酒、精盐、酱油略炒,再放入冬笋、火腿、胡椒粉、香油炒匀成馅料备用。

3.将米粉团搓成长条,切成圆剂,撒上干面粉,擀成饺子皮,包入适量馅料,对折捏紧成饺子。

4.将捏好的饺子上蒸锅蒸熟即可食用。

### 三十四、猪肉笋香蒸饺

【原料】面粉2250g,猪肉末900g,熟笋肉300g,火腿末150g,鸡蛋6个,植物油、香油、鱼露、胡椒粉、鸡精、虾仁、洋葱、蒜各适量。

【制作】

1.将熟笋肉切小粒,虾仁切末,洋葱洗净切小粒,蒜切小粒。

2.炒锅注油烧热,下入洋葱粒略炸,捞出控油;再下入蒜粒炸片刻,捞出控油,同洋葱粒混合,加入猪肉末、笋粒、虾仁末、胡椒粉、鸡精、香油、鱼露、香油拌匀成馅。

3.将面粉磕入鸡蛋,用热水搅拌均匀和好,放入盆内,盖上湿布饧10min,当面团饧好后,取出,搓成长条,切成圆剂,撒上干面粉,擀成饺子皮,包入适量馅料,捏成饺子。

4.将捏好的饺子上蒸锅蒸熟即可食用。

### 三十五、猪肉荠菜蒸饺

【原料】面粉 2250g,猪肉末 1050g,荠菜 1500g,木耳 150g,植物油、香油、白糖、精盐、鸡精、五香粉、鸡蛋清各适量。

【制作】

1. 将荠菜择洗干净,下入开水锅内焯一下,捞出过凉,挤去水分切成末;木耳洗净切成末。

2. 将猪肉末、荠菜末、木耳末混合,加入植物油、香油、精盐、白糖、五香粉、鸡精、鸡蛋清搅拌均匀成馅料。

3. 将面粉用温水拌匀和好,放入盆内,盖上湿布饧 10 min,当面团饧好后,取出,搓成长条,切成圆剂,撒上干面粉,擀成饺子皮,包入适量馅料,对折捏紧成饺子。

4. 将捏好的饺子上蒸锅蒸熟即可食用。

### 三十六、猪肉三鲜蒸饺(1)

【原料】面粉 1500g,猪肉末 900g,鸡蛋 600g,海米 150g,白菜 1050g,植物油、香油、料酒、酱油、精盐、葱姜末各适量。

【制作】

1. 将白菜洗净剁碎,挤去水分;海米用温水泡后洗净切碎;鸡蛋磕入碗内,加入精盐搅匀,下入热油锅内炒熟铲碎。

2. 将猪肉末加入精盐、酱油、植物油搅打成黏稠的糊状,再放入白菜、海米、鸡蛋、料酒、香油、葱姜末搅拌均匀成馅料备用。

3. 将面粉用温水拌匀和好,放入盆内,盖上湿布饧 10 min,当面团饧好后,取出,搓成长条,切成圆剂,撒上干面粉,擀成饺子皮,包入适量馅料,对折捏紧成饺子。

4. 将捏好的饺子上蒸锅蒸熟即可食用。

### 三十七、猪肉三鲜蒸饺(2)

【原料】面粉 2250g,猪肉末 900g,海参、虾仁各 600g,蟹肉 150g,植物油、香油、酱油、精盐、葱姜末各适量。

【制作】

1.将海参、虾仁分别洗净切成粒,同猪肉末、蟹肉混合,加入精盐、酱油、植物油、香油、葱姜末搅打成黏稠的馅料备用。

2.将面粉用温水拌匀和好,放入盆内,盖上湿布饧10 min,当面团饧好后,取出,搓成长条,切成圆剂,撒上干面粉,擀成饺子皮,包入适量馅料,对折捏紧成饺子。

3.将捏好的饺子上蒸锅蒸熟即可食用。

### 三十八、猪肉一品蒸饺(1)

【原料】面粉2250g,猪肉末900g,水发海参、虾仁各300g,熟笋150g,面肥少许,植物油、香油、酱油、白糖、精盐、碱、葱姜末各适量。

【制作】

1.将海参、虾仁分别洗净切成粒,熟笋切碎,同猪肉末混合,加入精盐、酱油、植物油、香油、白糖、葱姜末搅打成黏稠的馅料备用。

2.将面粉加面肥、温水搅拌均匀和好,放入盆内,盖上湿布饧至膨胀。加入适量碱水揉匀,搓成长条,切成圆剂,撒上干面粉,擀成饺子皮,包入适量馅料,对折捏紧成饺子。

3.将捏好的饺子上蒸锅蒸熟即可食用。

### 三十九、猪肉一品蒸饺(2)

【原料】面粉2250g,猪肉末900g,豆芽900g,菠菜、香菇、粉丝、水发木耳各150g,面肥少许,植物油、香油、酱油、白糖、精盐、碱、葱姜末各适量。

【制作】

1.将豆芽、香菇、木耳分别洗净切碎,菠菜择洗干净切成末,粉丝用热水泡发后切成小段,同猪肉末混合,加入精盐、酱油、植物油、香油、白糖、葱姜末搅打均匀成黏稠的馅料备用。

2.将面粉加入面肥、温水搅拌均匀和好,放入盆内,盖上湿布至膨胀发酵,加入适量碱水揉匀,搓成长条,切成圆剂,擀成饺子皮,包入适量馅料,对折捏紧成饺子。

3.将捏好的饺子上蒸锅蒸熟即可食用。

## 四十、猪肉一品蒸饺(3)

【原料】面粉2250g,猪后腿肉末900g,虾仁600g,火腿末、青菜末各150g,植物油、香油、酱油、白糖、料酒、精盐、鸡汤、葱姜末各适量。

【制作】

1.猪肉末内加入植物油、香油、精盐、酱油、白糖、料酒、鸡汤、葱姜末搅打成黏稠的馅料备用;虾仁去泥肠洗净切成碎末。

2.将面粉用热水搅拌均匀和好,放入盆内,盖上湿布饧10 min,当面团饧好后,取出,搓成长条,切成圆剂,撒上干面粉,擀成饺子皮,包入适量馅料,将3个面对捏,成品字形饺子坯,留3个孔,分别撒入虾仁碎、青菜末、火腿末备用。

3.将捏好的饺子上蒸锅蒸熟即可食用。

## 四十一、猪肉水晶蒸饺(1)

【原料】面粉2250g,猪后腿肉末900g,虾仁、水发海参各300g,香菇150g,植物油、香油、酱油、料酒、鸡汤、精盐、白糖、五香粉、葱姜末各适量。

【制作】

1.将虾仁、海参、香菇洗净均切粒,同猪肉末混合,加入鸡汤、植物油、香油、酱油、料酒、五香粉、白糖、葱姜末拌匀成馅。

2.将面粉用温水拌匀和好,放入盆内,盖上湿布饧10 min,当面团饧好后,取出,搓成长条,切成圆剂,撒上干面粉,擀成饺子皮,包入适量馅料,对折捏紧成饺子。

3.将捏好的饺子上蒸锅蒸熟即可食用。

## 四十二、猪肉水晶蒸饺(2)

【原料】面粉2250g,猪肉末600g,荸荠900g,香菇150g,植物油、酱油、淀粉、白糖、精盐、五香粉、葱花各适量。

【制作】

1.将荸荠去皮,洗净拍碎;香菇洗净切粒。

2.猪肉末内加入荸荠、香菇、酱油、五香粉、白糖、葱花、淀粉拌匀成馅。

3.将面粉用温水拌匀和好,放入盆内,盖上湿布饧10 min,当面团饧好后,取出,搓成长条,切成圆剂,撒上干面粉,擀成饺子皮,包入适量馅料,对折捏紧成饺子。

4.将捏好的饺子上蒸锅蒸熟即可食用。

## 四十三、猪肉"玉兔"饺(1)

【原料】面粉2250g,猪肉末1200g,芹菜、荸荠、竹笋、香菇各150g,香油、米酒、淀粉、精盐、白糖、胡椒粉、葱花各适量。

【制作】

1.将荸荠去皮洗净切小丁,竹笋煮熟去皮切小丁,香菇洗净切小丁,芹菜择洗干净切末。

2.猪肉末内加入芹菜末、荸荠丁、竹笋丁、香菇丁、香油、精盐、米酒、淀粉、白糖、胡椒粉、葱花、水拌匀成黏稠馅料,入冰箱放置片刻。

2.将面粉用温水拌匀和好,放入盆内,盖上湿布饧10 min,当面团饧好后,取出,搓成长条,切成圆剂,撒上干面粉,擀成饺子皮,包入适量馅料,对折捏紧成饺子。

3.将捏好的饺子上蒸锅蒸熟即可食用。

## 四十四、猪肉"玉兔"饺(2)

【原料】澄面1500g,虾仁600g,冬笋900g,植物油、香油、精盐、白糖、花椒粉各适量。

【制作】

1.将冬笋切成碎丁,虾仁洗净切碎粒,一同加入植物油、香油、精盐、白糖、花椒粉搅拌均匀成黏稠馅料备用。

2.将澄面用开水搅拌均匀和好,放入盆内,盖上湿布饧10min,当面团饧好后,取出,搓成长条,切成圆剂,撒上干面粉,擀成饺子皮,包入适量馅料,捏成花边水饺,尾部成条状即成兔子形饺子生坯。

3.将捏好的饺子上蒸锅蒸熟即可食用。

### 四十五、猪肉"鸡冠"饺

【原料】澄面2250g,猪肉1200g,虾仁、芹菜各300g,植物油、精盐、味精、白糖、淀粉、胡椒粉、淀粉、葱姜末各适量。

【制作】

1.将芹菜择洗干净切成末,虾仁洗净剁成蓉,同猪肉末混合,加入植物油、精盐、味精、白糖、胡椒粉、淀粉搅拌均匀成馅料备用。

2.将澄面加入淀粉、开水搅拌均匀和好,放入盆内,盖上湿布饧10min,当面团饧好后,取出,搓成长条,切成圆剂,撒上干面粉,擀成饺子皮,包入适量馅料,捏成鸡冠形饺子。

3.将捏好的饺子上蒸锅蒸熟即可食用。

### 四十六、猪肉"白菜"饺

【原料】面粉1500g,猪肉末900g,虾仁、海参各300g,植物油、香油、酱油、料酒、精盐、鸡精、胡椒粉、绿菜汁、葱姜末各适量。

【制作】

1.将海参、虾仁洗净均切成碎粒,同猪肉末一起加入植物油、香油、酱油、精盐、鸡精、胡椒粉、料酒、葱姜末搅拌均匀成馅。

2.将绿菜汁烧热;面粉分成两份,分别用热水、菜汁搅拌均匀和好,放入盆内,盖上湿布饧10min,当面团饧好后,取出,分别搓成长条,切成圆剂,撒上干面粉,取白、绿两剂合在一起擀成饺子皮,包入适量馅料,捏成白菜形的饺子备用。

3.将捏好的饺子上蒸锅蒸熟即可食用。

### 四十七、猪肉"鸡笼"饺

【原料】面粉1500g,猪瘦肉末900g,熟笋300g,香菇、虾仁各150g,火腿125g,植物油、香油、淀粉、精盐、鸡精、五香粉、葱姜末各适量。

【制作】

1. 将虾仁、笋、香菇切成细粒,同猪肉末混合,加入鸡精、精盐、胡椒粉、淀粉、植物油、香油、葱姜末拌匀成馅;火腿切末备用。

2. 将面粉用热水搅拌均匀和好,放入盆内,盖上湿布饧 10min,当面团饧好后,取出,搓成长条,切成圆剂,撒上干面粉,擀成饺子皮,包入适量馅料,包拢成鸡笼状,口上撒入火腿末。

3. 将"鸡笼"饺上锅蒸蒸熟即可食用。

### 四十八、猪肉"秋叶"饺

【原料】糯米粉、澄面各 750g,酱猪肉(红色)、白煮猪肉(白色)各 600g,香菇、虾仁、韭黄各 150g,植物油、香油、精盐、鸡精、五香粉、菠菜汁、葱姜末各适量。

【制作】

1. 将两种猪肉均切成碎粒,香菇、虾仁均切碎,韭黄择洗干净切末。

2. 将猪肉粒、香菇粒、虾仁粒、韭黄末一同下锅内煸炒片刻,加入植物油、香油、精盐、鸡精、五香粉、葱姜末搅拌均匀成馅。

3. 将糯米粉、澄面用热水搅拌均匀,再加入菠菜汁和好,放入盆内,盖上湿布饧 10min,当面团饧好后,取出,搓成长条,切成圆剂,撒上干面粉,擀成饺子皮,包入适量馅料,捏成树叶状备用。

3. 将捏好的饺子上蒸锅蒸熟即可食用。

### 四十九、猪肉"蝴蝶"饺

【原料】面粉 900g,猪肉末 750g,鲜虾 300g,植物油、香油、精盐、鸡精、熟蛋黄末、葱姜末各适量。

【制作】

1. 将猪肉末加入鸡精、精盐、植物油、香油、葱姜末拌匀成馅;鲜虾洗净备用。

2. 将面粉用热水搅拌均匀和好,放入盆内,盖上湿布饧 10min,当面团饧好后,取出,搓成长条,切成圆剂,撒上干面粉,擀成饺子皮,包入适量馅料,捏成蝴蝶状,反面折起成两对翅膀,撒上蛋黄末,饺子中间放 1 只鲜虾,即成"蝴蝶"饺子坯。

3. 将"蝴蝶"饺上蒸锅蒸熟即可食用。

### 五十、猪肉"鸳鸯"饺

【原料】面粉 2250g,猪肉末 1500g,虾仁、火腿各 300g,植物油、香油、酱油、精盐、胡椒粉、白糖、葱姜末各适量。

【制作】

1. 猪肉末内加入植物油、香油、酱油、精盐、胡椒粉、白糖、葱姜末搅拌均匀成馅料;火腿切成末,虾仁洗净切成碎粒。

2. 将面粉用开水搅拌均匀和好,放入盆内,盖上湿布饧 10min,当面团饧好后,取出,搓成长条,切成圆剂,撒上干面粉,擀成饺子皮,包入适量馅料,对捏留出两边的孔,分别撒上虾仁碎、火腿末。

3. 将捏好的饺子上蒸锅蒸熟即可食用。

### 五十一、猪肉"凤凰"饺

【原料】面粉 2250g,猪肉末 1500g,虾仁、鸡脯肉各 300g,植物油、香油、酱油、精盐、胡椒粉、青豆、葱姜末各适量。

【制作】

1. 将鸡肉、虾仁剁碎,同猪肉末混合,加入植物油、香油、酱油、精盐、胡椒粉、葱姜末搅拌均匀成馅料。

2. 将面粉用温水搅拌均匀和好,放入盆内,盖上湿布饧 10min,当面团饧好后,取出,搓成长条,切成圆剂,撒上干面粉,擀成饺子皮,包入适量馅料,捏成凤凰形,用青豆点缀成眼睛,制成"凤凰"饺坯。

3. 将捏好的饺子上蒸锅蒸熟即可食用。

### 五十二、猪肉"金鱼"饺

【原料】面粉 2250g,猪肉末 1500g,虾仁、冬笋各 300g,植物油、香油、酱油、料酒、精盐、胡椒粉、葱姜末各适量。

【制作】

1.将虾仁、冬笋分别剁碎,同猪肉末混合,加入植物油、香油、酱油、料酒、精盐、胡椒粉、火腿末、葱姜末搅拌均匀成馅料。

2.将面粉用温水搅拌均匀和好,放入盆内,盖上湿布饧10min,当面团饧好后,取出,搓成长条,切成圆剂,撒上干面粉,擀成饺子皮,包入适量馅料,捏成金鱼形,用火腿末点缀成眼睛,制成"金鱼"饺坯。

3.将捏好的饺子上蒸锅蒸熟即可食用。

### 五十三、猪肉"五星"饺

【原料】面粉1500g,猪肉末900g,虾仁、香菇各300g,植物油、香油、酱油、精盐、胡椒粉、红樱桃、葱姜末各适量。

【制作】

1.将虾仁、香菇剁碎,同猪肉末混合,加入植物油、香油、酱油、精盐、胡椒粉、葱姜末搅拌均匀成馅料。

2.将面粉用温水搅拌均匀和好,放入盆内,盖上湿布饧10min,当面团饧好后,取出,搓成长条,切成圆剂,撒上干面粉,擀成饺子皮,包入适量馅料,捏成五角形,用红樱桃放中心点缀,制成五星饺坯。

3.将捏好的饺子上蒸锅蒸熟即可食用。

### 五十四、猪肉三角饺

【原料】面粉1500g,猪肉末900g,虾仁、菠菜各300g,植物油、香油、酱油、精盐、胡椒粉、葱姜末各适量。

【制作】

1.将虾仁、菠菜均洗净剁碎,同猪肉末混合,加入植物油、香油、酱油、精盐、胡椒粉、葱姜末搅拌均匀成馅料。

2.将面粉用温水搅拌均匀和好,放入盆内,盖上湿布饧10min,当面团饧好后,取出,搓成长条,切成圆剂,撒上干面粉,擀成饺子皮,包入适量馅料,将三面合拢捏紧,制成三角形饺坯。

3.将捏好的饺子上蒸锅蒸熟即可食用。

### 五十五、猪肉"花篮"饺

【原料】面粉 1500g,猪肉末 900g,虾仁、冬笋各 300g,植物油、香油、酱油、精盐、胡椒粉、菠菜、葱姜末各适量。

【制作】

1.将虾仁、冬笋均剁碎,同猪肉末混合,加入植物油、香油、酱油、精盐、胡椒粉、葱姜末搅拌均匀成馅料;菠菜择洗干净切成末。

2.将面粉用温水搅拌均匀和好,放入盆内,盖上湿布饧 10min,当面团饧好后,取出,搓成长条,切成圆剂,撒上干面粉,擀成饺子皮,包入适量馅料,捏成花篮形,中间撒菠菜末点缀,制成"花篮"饺坯。

3.将捏好的饺子上蒸锅蒸熟即可食用。

### 五十六、猪肉"马蹄"饺

【原料】面粉 2250g,猪肉末 1200g,虾仁、鸡脯肉各 300g,植物油、香油、酱油、精盐、胡椒粉、青豆、葱姜末各适量。

【制作】

1.将鸡肉、虾仁均剁碎,与猪肉末混合,加入植物油、香油、酱油、精盐、胡椒粉、青豆、葱姜末搅拌均匀成馅料。

2.将面粉用温水搅拌均匀和好,放入盆内,盖上湿布饧 10min,当面团饧好后,取出,搓成长条,切成圆剂,撒上干面粉,擀成饺子皮,包入适量馅料,捏成月牙形,两角对捏成马蹄形,中间填入鸡肉、虾仁馅料,上面点缀一颗青豆即成马蹄饺坯。

3.将捏好的饺子上蒸锅蒸熟即可食用。

### 五十七、"金钩"蒸饺

【原料】面粉 1500g,猪肉末 1200g,荸荠 300g,植物油、香油、甜面酱、精盐、胡椒粉、白糖、虾仁、姜末各适量。

【制作】

1.将荸荠去皮洗净剁成末,虾仁剁碎,同猪肉末混合,加入植物油、香油、精盐、姜末、白糖、甜面酱、胡椒粉拌匀成馅料备用。

2. 将面粉用温水搅拌均匀和好,放入盆内,盖上湿布饧 10min,当面团饧好后,取出,搓成长条,切成圆剂,撒上干面粉,擀成饺子皮,包入适量馅料,捏成豌豆角形备用。

3. 将捏好的饺子上蒸锅蒸熟即可食用。

## 五十八、金山蒸饺

【原料】面粉 1500g,猪腿肉末 1200g,虾仁 300g,植物油、香油、酱油、精盐、鸡精、料酒、冬笋末、鲜汤各适量。

【制作】

1. 将虾仁剁碎,同猪腿肉末一起加入植物油、酱油、精盐、香油、鸡精、冬笋末、鲜汤搅拌成黏稠馅料备用。

2. 将面粉用温水拌匀和好,放入盆内,盖上湿布饧 10 min,当面团饧好后,取出,搓成长条,切成圆剂,撒上干面粉,擀成饺子皮,包入适量馅料,对折捏紧成饺子。

3. 将捏好的饺子上蒸锅蒸熟即可食用。

## 五十九、双色蒸饺

【原料】面粉 2250g,腌咸猪肉、猪肉末各 600g,虾仁 300g,南瓜 600g,植物油、香油、酱油、料酒、精盐、白糖、菠菜汁、葱姜末各适量。

【制作】

1. 将南瓜去皮、瓤洗净,取 1/2 切成小粒,余下上锅蒸熟;虾仁切成粒,同猪肉末混合,加入精盐、酱油、植物油、香油、白糖、葱姜末、料酒搅拌均匀成鲜味馅料;猪咸肉切成粒,加入南瓜粒、酱油、植物油、料酒、香油、葱姜末搅拌均匀成咸味馅料。

2. 将 1/2 面粉加菠菜汁、热水搅拌均匀和好,余下面粉加入熟南瓜及汁用热水搅拌均匀和好,均放入盆内盖上湿布饧 10min,当面团饧好后,取出,分别搓成长条,切成圆剂,撒上干面粉,擀成饺子皮,分别包入适量咸、鲜馅料,对折捏紧成饺子。

3. 将双色饺子上蒸锅蒸熟即可食用。

## 六十、四喜蒸饺（1）

【原料】面粉 1500g，猪肉末 900g，虾仁 300g，鸡蛋黄 3 个，火腿、香菇、青豆、胡萝卜、植物油、香油、精盐、白糖、葱姜末各适量。

【制作】

1. 将虾仁切成粒，同猪肉一起加入精盐、植物油、香油、葱姜末、白糖搅拌均匀成馅；火腿切末备用，鸡蛋黄上锅蒸熟压碎，胡萝卜洗净煮熟切粒，香菇洗净切粒。

2. 将面粉用热水搅拌均匀和好，放入盆内，盖上湿布饧 10min，当面团饧好后，取出，搓成长条，切成圆剂，撒上干面粉，擀成饺子皮，包入适量馅料，将对面两端捏拢，留出四个小孔。分别将蛋黄、青豆、胡萝卜、香菇填入孔内，制成四喜饺坯。

3. 将捏好的饺子上蒸锅蒸熟即可食用。

## 六十一、四喜蒸饺（2）

【原料】澄面 1500g，虾仁 1200g，冬笋 300g，鸡蛋清 9 个，香油、精盐、胡椒粉、白糖、姜末各适量。

【制作】

1. 将虾仁切碎粒，冬笋切碎粒。

2. 将冬笋丁、虾仁粒加入香油、精盐、胡椒粉、白糖、鸡蛋清、姜末搅拌均匀成馅料备用。

3. 将澄面用开水搅拌均匀和好，放入盆内，盖上湿布饧 10min，当面团饧好后，取出，搓成长条，切成圆剂，撒上干面粉，擀成饺子皮，包入适量馅料，将对面两端捏拢，留出四个小孔，制成四喜饺坯。

4. 将捏好的饺子上蒸锅蒸熟即可食用。

## 六十二、四喜蒸饺（3）

【原料】面粉 2250g，猪肉末 900g，菠菜、鸡蛋、虾仁、水发海参、水发木耳各 300g，植物油、香油、酱油、精盐、花椒粉、葱姜末各适量。

【制作】

1. 将虾仁、海参、木耳分别洗净切碎粒,菠菜择洗干净切末;将蛋清、蛋黄分开,放入碗内,加精盐打散,分别下入热油锅内炒熟铲碎。

2. 猪肉末内加入虾仁、海参、植物油、香油、酱油、精盐、花椒粉、葱姜末搅拌均匀成黏稠馅料备用。

3. 将面粉用开水搅拌均匀和好,放入盆内,盖上湿布饧 10min,当面团饧好后,取出,搓成长条,切成圆剂,撒上干面粉,擀成饺子皮,包入适量馅料,将对面两端捏拢,留出四个小孔,分别撒上菠菜末、木耳末、蛋黄碎、蛋清碎,制成四喜饺坯。

3. 将捏好的饺子上蒸锅蒸熟即可食用。

## 六十三、猪肉五福蒸饺

【原料】面粉 2250g,猪肉末 1200g,鸡蛋、虾仁、水发木耳、菠菜、胡萝卜各 150g,植物油、香油、酱油、精盐、花椒粉、葱姜末各适量。

【制作】

1. 将虾仁、木耳分别洗净切碎粒,胡萝卜洗净剁成末,菠菜择洗干净切末;鸡蛋磕入碗内,加精盐打散,下入热油锅内炒熟铲碎。

2. 猪肉末内加植物油、香油、酱油、精盐、花椒粉、葱姜末搅拌均匀成黏稠馅料备用。

3. 将面粉用开水搅拌均匀和好,放入盆内,盖上湿布饧 10min,当面团饧好后,取出,搓成长条,切成圆剂,撒上干面粉,擀成饺子皮,包入适量馅料,将饺子皮分成五等份捏拢,留出五个小孔,分别撒上菠菜末、木耳末、碎鸡蛋、胡萝卜末、虾仁粒,制成五福饺坯。

3. 将捏好的饺子上蒸锅蒸熟即可食用。

## 六十四、猪肉灌汤蒸饺

【原料】面粉 1500g,猪肉末 1500g,植物油、香油、精盐、鸡精、白糖、葱姜末、肉汤各适量。

【制作】

1. 猪肉末内加入鸡精、精盐、植物油、香油、白糖、葱姜末、肉汤搅打拌匀成黏稠的馅料备用。

2. 将面粉用温水拌匀和好,放入盆内,盖上湿布饧10 min,当面团饧好后,取出,搓成长条,切成圆剂,撒上干面粉,擀成饺子皮,包入适量馅料,对折捏紧成饺子。

3. 将捏好的饺子上蒸锅蒸熟即可食用。

### 六十五、猪肉澄粉蒸饺

【原料】面粉1500g,五花肉末1200g,虾仁300g,鸡蛋3个,植物油、香油、料酒、精盐、白糖各适量。

【制作】

1. 将虾仁洗净切成粒,同猪肉末混合,加入精盐、料酒、植物油、白糖、香油、鸡蛋液拌匀成馅料备用。

2. 将澄粉加开水搅拌均匀和好,放入盆内,盖上湿布饧10min,当面团饧好后,取出,搓成长条,切成圆剂,撒上干面粉,擀成饺子皮,包入适量馅料,对折捏紧饺子。

3. 将捏好的饺子上蒸锅蒸熟即可食用。

### 六十六、徽州蒸饺

【原料】面粉1500g,猪肉末900g,豆腐、猪血各300g,南瓜、冬瓜、香菇、水发木耳、火腿丁、植物油、酱油、精盐、葱姜末、鸡精各适量。

【制作】

1. 将冬瓜、南瓜分别去皮和瓤洗净切成小粒;木耳、香菇分别洗净切碎;豆腐、猪血切成小丁,同猪肉末混合,加入精盐、酱油、植物油、鸡精、葱姜末搅拌均匀成馅料备用。

2. 将面粉用温水拌匀和好,放入盆内,盖上湿布饧10 min,当面团饧好后,取出,搓成长条,切成圆剂,撒上干面粉,擀成饺子皮,包入适量馅料,对折捏紧成饺子。

3. 将捏好的饺子上蒸锅蒸熟即可食用。

### 六十七、新安烫面蒸饺

【原料】面粉1500g,猪肉末1050 g,白菜心、韭菜各450 g,植物油、酱油、精盐、白糖、料酒、香油、鸡精、葱姜末各适量。

【制作】

1. 将白菜心、韭菜分别洗净切成末,同猪肉末混合,加入精盐、酱油、植物油、香油、白糖、葱姜末、鸡精、料酒搅拌均匀成馅料备用。

2. 将面粉用温水拌匀和好,放入盆内,盖上湿布饧 10 min,当面团饧好后,取出,搓成长条,切成圆剂,撒上干面粉,擀成饺子皮,包入适量馅料,对折捏紧成饺子。

3. 将捏好的饺子上蒸锅蒸熟即可食用。

### 六十八、淮扬蒸饺

【原料】面粉 1500g,猪肉末 1200g,猪肉皮冻(切丁)600g,植物油、酱油、精盐、白糖、料酒、熟芝麻、葱姜末各适量。

【制作】

1. 猪肉末内加入酱油、精盐、料酒、白糖、葱姜末搅打至黏稠,再加入猪肉皮冻、芝麻拌匀成馅料,放入冰箱冷藏备用。

2. 将面粉用温水拌匀和好,放入盆内,盖上湿布饧 10 min,当面团饧好后,取出,搓成长条,切成圆剂,撒上干面粉,擀成饺子皮,包入适量馅料,对折捏紧成饺子。

3. 将捏好的饺子上蒸锅蒸熟即可食用。

### 六十九、花士林蒸饺

【原料】面粉 1500g,猪肉末 1200g,冬菜末 600g,植物油、香油、酱油、甜面酱、鸡汤、葱姜末各适量。

【制作】

1. 猪肉末内加入冬菜末、植物油、香油、酱油、甜面酱、葱姜末、鸡汤搅打成黏稠馅料备用。

2. 将面粉用温水拌匀和好,放入盆内,盖上湿布饧 10 min,当面团饧好后,取出,搓成长条,切成圆剂,撒上干面粉,擀成饺子皮,包入适量馅料,对折捏紧成饺子。

3. 将捏好的饺子上蒸锅蒸熟即可食用。

### 七十、天津蒸饺

【原料】面粉 1500g,猪肉末 1200g,口蘑 300g,植物油、酱油、精盐、鸡汤、葱姜末各适量。

【制作】

1. 将口蘑洗净切成丁,同猪肉末混合,加入植物油、酱油、精盐、葱姜末、鸡汤搅拌成黏稠馅料备用。

2. 将面粉用温水拌匀和好,放入盆内,盖上湿布饧 10 min,当面团饧好后,取出,搓成长条,切成圆剂,撒上干面粉,擀成饺子皮,包入适量馅料,对折捏紧成饺子。

3. 将捏好的饺子上蒸锅蒸熟即可食用。

# 第二节　牛羊肉馅蒸饺加工实例

### 一、牛肉白菜蒸饺

【原料】面粉 1500g,牛肉末 1500g,白菜 150g,植物油、香油、酱油、精盐、葱姜末、香菜段各适量。

【制作】

1. 将白菜洗净切成末;牛肉末加入酱油拌匀略腌,搅打至黏稠,加入精盐、植物油、葱姜末、香油、香菜段、白菜拌匀成馅料备用。

2. 将面粉用温水拌匀和好,放入盆内,盖上湿布饧 10 min,当面团饧好后,取出,搓成长条,切成圆剂,撒上干面粉,擀成饺子皮,包入适量馅料,对折捏紧成饺子。

3. 将捏好的饺子上蒸锅蒸熟即可食用。

### 二、牛肉洋葱蒸饺

【原料】面粉 1500g,牛肉末 900g,洋葱 900g,植物油、香油、酱油、精盐、五香粉、葱姜末各适量。

【制作】

1.将洋葱洗净切成末;牛肉末加入五香粉,少许水搅打至黏稠,再加入葱姜末、精盐、酱油、植物油、香油、洋葱末搅拌均匀成馅料备用。

2.将面粉用温水拌匀和好,放入盆内,盖上湿布饧10 min,当面团饧好后,取出,搓成长条,切成圆剂,撒上干面粉,擀成饺子皮,包入适量馅料,对折捏紧成饺子。

3.将捏好的饺子上蒸锅蒸熟即可食用。

### 三、牛肉萝卜蒸饺

【原料】面粉2250g,牛肉末1200g,白萝卜900g,植物油、香油、黄酱、精盐、五香粉、猪骨汤、葱姜末各适量。

【制作】

1.将白萝卜洗净切成末;牛肉末下入热油锅内略炒,加入香油、黄酱、精盐、五香粉、猪骨汤、葱姜末、白萝卜搅拌均匀成馅料备用。

2.将面粉用温水拌匀和好,放入盆内,盖上湿布饧10 min,当面团饧好后,取出,搓成长条,切成圆剂,撒上干面粉,擀成饺子皮,包入适量馅料,对折捏紧成饺子。

3.将捏好的饺子上蒸锅蒸熟即可食用。

### 四、牛肉芹菜蒸饺

【原料】面粉2250g,牛肉末1200g,芹菜750g,香油、味精、精盐、白糖、胡椒粉各适量。

【制作】

1.将芹菜择洗干净切成末,同牛肉末一起加入味精、精盐、白糖、香油、胡椒粉搅拌均匀成馅料备用。

2.将面粉用温水拌匀和好,放入盆内,盖上湿布饧10 min,当面团饧好后,取出,搓成长条,切成圆剂,撒上干面粉,擀成饺子皮,包入适量馅料,对折捏紧成饺子。

3.将捏好的饺子上蒸锅蒸熟即可食用。

### 五、牛肉瓠子蒸饺

【原料】面粉 1500g,牛肉末 1200g,瓠子 1500g,香菇 150g,植物油、香油、酱油、味精、精盐、胡椒粉、芝麻、松子、蜂蜜、葱姜各适量。

【制作】

1. 将瓠子去籽洗净切成丝,加入精盐拌匀略腌,挤去水分;香菇洗净切丝,同牛肉末一起加入酱油、味精、精盐、胡椒粉、芝麻、葱姜末、蜂蜜搅拌均匀略腌,再放入瓠子丝、植物油、香油拌匀成馅料备用。

2. 将面粉用温水拌匀和好,放入盆内,盖上湿布饧 10 min,当面团饧好后,取出,搓成长条,切成圆剂,撒上干面粉,擀成饺子皮,包入适量馅料,对折捏紧成饺子。

3. 将捏好的饺子上蒸锅蒸熟即可食用。

### 六、羊肉白菜蒸饺

【原料】面粉 1500g,羊肉末 900g,白菜 600g,植物油、酱油、精盐、料酒、葱姜末各适量。

【制作】

1. 将白菜洗净切成末,与羊肉末加入精盐、酱油、植物油、葱姜末、料酒搅拌均匀成馅料备用。

2. 将面粉用温水拌匀和好,放入盆内,盖上湿布饧 10 min,当面团饧好后,取出,搓成长条,切成圆剂,撒上干面粉,擀成饺子皮,包入适量馅料,对折捏紧成饺子。

3. 将捏好的饺子上蒸锅蒸熟即可食用。

### 七、羊肉萝卜蒸饺

【原料】面粉 2250g,羊肉 1200g,白萝卜 900g,植物油、香油、酱油、精盐、料酒、葱姜末各适量。

【制作】

1. 将萝卜洗净切成末;羊肉剁成末,加入精盐、酱油、植物油、葱姜末、香油搅打至黏稠,再加入白萝卜末拌匀成馅料备用。

2.将面粉用温水拌匀和好,放入盆内,盖上湿布饧10 min,当面团饧好后,取出,搓成长条,切成圆剂,撒上干面粉,擀成饺子皮,包入适量馅料,对折捏紧成饺子。

3.将捏好的饺子上蒸锅蒸熟即可食用。

### 八、羊肉冬瓜蒸饺

【原料】面粉2250g,羊肉末900g,冬瓜1500g,植物油、香油、酱油、精盐、料酒、葱姜末各适量。

【制作】

1.将冬瓜去皮和瓤洗净擦成丝,挤去水分;羊肉末内加入精盐、酱油、植物油、葱姜末、香油搅打至黏稠,再放入冬瓜丝拌匀成馅料备用。

2.将面粉用温水拌匀和好,放入盆内,盖上湿布饧10 min,当面团饧好后,取出,搓成长条,切成圆剂,撒上干面粉,擀成饺子皮,包入适量馅料,对折捏紧成饺子。

3.将捏好的饺子上蒸锅蒸熟即可食用。

### 九、羊肉酸菜蒸饺

【原料】面粉2250g,羊肉末1200g,酸菜1500g,植物油、香油、酱油、精盐、料酒、花椒粉、葱姜末各适量。

【制作】

1.将酸菜洗净剁成末,挤去水分;羊肉末内加入精盐、酱油、植物油、葱姜末、花椒粉、香油搅打至黏稠,再放入酸菜末拌匀成馅料备用。

2.将面粉用温水拌匀和好,放入盆内,盖上湿布饧10 min,当面团饧好后,取出,搓成长条,切成圆剂,撒上干面粉,擀成饺子皮,包入适量馅料,对折捏紧成饺子。

3.将捏好的饺子上蒸锅蒸熟即可食用。

### 十、羊肉西葫芦蒸饺

【原料】荞麦面、面粉各750g,羊肉末、西葫芦各900g,精盐、料酒、鸡精、葱姜末、鸡蛋液、香油、淀粉各适量。

【制作】

1.将西葫芦洗净去瓤擦成丝,加入精盐拌匀,腌片刻,挤去水分;羊肉末加入葱姜末、精盐、料酒、香油、鸡精拌匀,再放入西葫芦丝搅拌均匀成馅料备用。

2.将荞麦面、面粉混合,加入九成热的开水搅拌均匀和好,用湿布盖好饧20min,当面团饧好后,取出,搓成长条,切成圆剂,撒上干面粉,擀成饺子皮,包入适量馅料,对折捏紧成饺子。

3.将捏好的饺子上蒸锅蒸熟即可食用。

# 第三节　虾馅蒸饺加工实例

## 一、虾仁小白菜蒸饺

【原料】面粉1500g,虾仁900g,小白菜1500g,植物油、香油、料酒、精盐、葱姜末各适量。

【制作】

1.将虾仁洗净控干水分剁成蓉,小白菜择洗干净剁成末,一同加入植物油、香油、料酒、精盐、葱姜末搅拌均匀成馅料备用。

2.将面粉用热水拌匀和好,放入盆内,盖上湿布饧10 min,当面团饧好后,取出,搓成长条,切成圆剂,撒上干面粉,擀成饺子皮,包入适量馅料,对折捏紧成饺子。

3.将捏好的饺子上蒸锅蒸熟即可食用。

## 二、鲜虾芹菜蒸饺

【原料】澄面1500g,虾仁900g,芹菜1500g,蟹黄150g,植物油、香油、料酒、精盐、淀粉、葱姜末各适量。

【制作】

1.将虾仁切碎;芹菜择洗干净,下入开水锅内略烫,取出拍扁切碎,加入虾仁、精盐、料酒、植物油、香油、葱姜末搅拌成黏稠的馅料。

2.将澄面用开水拌匀和好,放入盆内,盖上湿布饧30min,当面团饧好后,取出,搓成长条,切成圆剂,撒上干面粉,擀成饺子皮,包入适量馅料,对折捏紧成饺子。

3.将捏好的饺子上蒸锅蒸熟即可食用。

### 三、虾仁豆腐蒸饺

【原料】面粉1500g,虾仁、豆腐各750g,蒜苗300g,植物油、香油、料酒、精盐、花椒粉、葱姜末各适量。

【制作】

1.将豆腐下入开水锅内焯一下,捞出过凉控水抓碎;蒜苗择洗干净切成末;虾仁洗净剁成蓉。

2.将豆腐、虾蓉、蒜苗一同混合,加入植物油、香油、料酒、精盐、花椒粉、葱姜末搅拌均匀成馅料备用。

2.将面粉用热水拌匀和好,放入盆内,盖上湿布饧10 min,当面团饧好后,取出,搓成长条,切成圆剂,撒上干面粉,擀成饺子皮,包入适量馅料,对折捏紧成饺子。

3.将捏好的饺子上蒸锅蒸熟即可食用。

### 四、虾仁蒸饺(1)

【原料】面粉1500g,虾仁600g,五花肉600g,冬笋900g,植物油、料酒、白糖、精盐、葱姜末各适量。

【制作】

1.将虾仁洗净控干水分,同猪肉一起剁成蓉;冬笋下入开水锅内煮熟,捞出控水晾凉切成末,同虾仁蓉、猪肉末混合,加入植物油、料酒、白糖、精盐、葱姜末搅拌均匀成黏稠馅料备用。

2.将面粉用热水拌匀和好,放入盆内,盖上湿布饧10 min,当面团饧好后,取出,搓成长条,切成圆剂,撒上干面粉,擀成饺子皮,包入适量馅料,对折捏紧成饺子。

3.将捏好的饺子上蒸锅蒸熟即可食用。

### 五、虾仁蒸饺(2)

【原料】面粉 1500g,虾仁 900g,五花肉 600g,猪肉皮冻 300g,植物油、香油、酱油、精盐、胡椒粉、葱姜末各适量。

【制作】

1. 将五花肉剁成末,虾仁剁成蓉,猪肉皮冻切碎,一同混合,加入植物油、香油、酱油、精盐、胡椒粉、葱姜末搅拌均匀成馅料备用。

2. 将面粉用热水拌匀和好,放入盆内,盖上湿布饧 10 min,当面团饧好后,取出,搓成长条,切成圆剂,撒上干面粉,擀成饺子皮,包入适量馅料,对折捏紧成饺子。

3. 将捏好的饺子上蒸锅蒸熟即可食用。

### 六、虾仁木樨蒸饺

【原料】面粉 1500g,虾仁 900g,冬笋、水发木耳、干黄花菜各 150g,鸡蛋 15 个,植物油、香油、酱油、料酒、精盐、葱姜末各适量。

【制作】

1. 将虾仁洗净控干水分剁成蓉,冬笋洗净切成末,水发木耳洗净切成末,黄花用温水泡软洗净切成末;鸡蛋磕入碗内加入精盐打散,下入热油锅内炒熟铲碎。

2. 将虾蓉、冬笋、木耳、黄花、鸡蛋加入植物油、香油、酱油、料酒、精盐、葱姜末搅拌均匀成馅料备用。

2. 将面粉用热水拌匀和好,放入盆内,盖上湿布饧 10 min,当面团饧好后,取出,搓成长条,切成圆剂,撒上干面粉,擀成饺子皮,包入适量馅料,对折捏紧成饺子。

3. 将捏好的饺子上蒸锅蒸熟即可食用。

### 七、芥末虾仁蒸饺

【原料】面粉 1500g,虾仁 900g,猪肉末 600g,芥末、植物油、香油、精盐、白糖、白胡椒粉各适量。

【制作】

1.将虾仁洗净挑去肠泥切碎,同猪肉末混合,加入植物油、香油、精盐、白糖、白胡椒粉、芥末搅拌均匀成黏稠的馅料备用。

2.将面粉用热水拌匀和好,放入盆内,盖上湿布饧10 min,当面团饧好后,取出,搓成长条,切成圆剂,撒上干面粉,擀成饺子皮,包入适量馅料,对折捏紧成饺子。

3.将捏好的饺子上蒸锅蒸熟即可食用。

## 八、全虾蒸饺

【原料】面粉1500g,猪肉末1200g,鲜虾600g,植物油、香油、料酒、精盐、葱姜末各适量。

【制作】

1.将鲜虾挑去泥肠洗净,去头、壳,留下尾部备用。

2.将猪肉末加入植物油、香油、精盐、料酒、葱姜末、水搅拌均匀至黏稠备用。

3.将面粉用热水拌匀和好,放入盆内,盖上湿布饧10 min,当面团饧好后,取出,搓成长条,切成圆剂,撒上干面粉,擀成饺子皮,包入适量馅料,对折捏紧成饺子。

4.将捏好的饺子上蒸锅蒸熟即可食用。

## 九、虾仁韭菜蒸饺

【原料】澄面1500g,韭菜1500g,虾仁200g,植物油、香油、精盐、姜末各适量。

【制作】

1.将韭菜择洗干净切成末,加入精盐拌匀腌片刻,挤去水分;虾仁剁碎,同韭菜一起加入植物油、香油、精盐、姜末拌匀成馅料备用。

2.将澄面用开水拌匀和好,放入盆内,盖上湿布饧30min,当面团饧好后,取出,搓成长条,切成圆剂,撒上干面粉,擀成饺子皮,包入适量馅料,对折捏紧成饺子。

3.将捏好的饺子上蒸锅蒸熟即可食用。

### 十、虾皮粉条蒸饺

【原料】面粉 1500g,虾皮 300g,粉条 600g,韭菜 900g,植物油、香油、精盐、花椒粉、甜面酱、姜末各适量。

【制作】

1. 将韭菜择洗干净切成末,挤去水分;虾皮洗净挤干水分;粉条用温水泡发剁碎,同韭菜、虾皮混合,加入植物油、香油、精盐、花椒粉、甜面酱、姜末拌匀成馅料备用。

2. 将面粉用热水拌匀和好,放入盆内,盖上湿布饧 30min,当面团饧好后,取出,搓成长条,切成圆剂,撒上干面粉,擀成饺子皮,包入适量馅料,对折捏紧成饺子。

3. 将捏好的饺子上蒸锅蒸熟即可食用。

### 十一、广东虾味蒸饺

【原料】澄粉 1500g,生虾仁、熟虾仁、干笋丝各 450g,五花肉 300g,植物油、香油、精盐、白糖、胡椒粉、葱姜末各适量。

【制作】

1. 将生虾仁洗净剁成蓉;熟虾肉切小粒;猪肉用开水略烫,过凉后切成小粒;干笋丝用温水泡发,洗净后加入植物油、胡椒粉拌匀腌片刻,切成末备用。

2. 将虾蓉加入精盐搅拌黏稠,再放入熟虾肉粒、猪肉粒、笋末、葱姜末、白糖、植物油、香油搅拌均匀,放入冰箱内冷藏备用。

3. 将澄面用开水拌匀和好,放入盆内,盖上湿布饧 30min,当面团饧好后,取出,搓成长条,切成圆剂,撒上干面粉,擀成饺子皮,包入适量馅料,对折捏紧成饺子。

4. 将捏好的饺子上蒸锅蒸熟即可食用。

### 十二、鲜虾"金鱼"饺

【原料】澄面 1500g,鲜虾 900g,猪肉末 200g,冬笋 100g,植物油、香油、白糖、精盐、胡椒粉、葱姜末、干面粉各适量。

【制作】

1. 将虾仁洗净控水切碎粒,冬笋切丝,同猪肉末一起加入植物油、香油、白糖、精盐、胡椒粉、葱姜末搅拌均匀成馅料备用。

2. 将澄面用开水拌匀和好,放入盆内,盖上湿布饧 30min,当面团饧好后,取出,搓成长条,切成圆剂,撒上干面粉,擀成饺子皮,包入适量馅料,捏成金鱼状饺子。

3. 将捏好的饺子上蒸锅蒸熟即可食用。

## 十三、鲜虾"海星"饺

【原料】澄面 1500g,鲜虾 900g,猪肉末、海参、荸荠各 300g,植物油、香油、精盐、胡椒粉、葱姜末、干面粉各适量。

【制作】

1. 将虾仁洗净控水切碎,荸荠去皮洗净切碎,海参洗净切碎,同猪肉末混合,加入植物油、香油、精盐、胡椒粉、葱姜末搅拌均匀成馅料备用。

2. 将澄面用开水拌匀和好,放入盆内,盖上湿布饧 30min,当面团饧好后,取出,搓成长条,切成圆剂,撒上干面粉,擀成饺子皮,包入适量馅料,捏成海星状饺子。

3. 将捏好的饺子上蒸锅蒸熟即可食用。

## 十四、鲜虾"白兔"饺

【原料】澄面 1500g,鲜虾 900g,猪肉末、冬笋各 300g,植物油、香油、精盐、胡椒粉、葱姜末各适量。

【制作】

1. 将虾仁洗净控水切碎,冬笋洗净切丝,同猪肉末混合,加入植物油、香油、精盐、胡椒粉、葱姜末搅拌均匀成馅料备用。

2. 将澄面用开水拌匀和好,放入盆内,盖上湿布饧 30min,当面团饧好后,取出,搓成长条,切成圆剂,撒上干面粉,擀成饺子皮,包入适量馅料,捏成白兔状饺子。

3. 将捏好的饺子上蒸锅蒸熟即可食用。

### 十五、鲜虾"凤眼"饺

【原料】澄面 1500g,鲜虾 900g,猪肉末、海参各 300g,植物油、香油、精盐、胡椒粉、葱姜末各适量。

【制作】

1.将虾仁洗净控水切碎,海参洗净切碎,同猪肉末混合,加入植物油、香油、精盐、胡椒粉、葱姜末搅拌均匀成馅料备用。

2.将澄面用开水拌匀和好,放入盆内,盖上湿布饧 30min,当面团饧好后,取出,搓成长条,切成圆剂,撒上干面粉,擀成饺子皮,包入适量馅料,将皮两端边向中间顶入,捏紧两端成凤眼状饺子。

3.将捏好的饺子上蒸锅蒸熟即可食用。

## 第四节　蟹馅蒸饺加工实例

### 一、蟹味五喜饺

【原料】面粉 1500g,蟹肉、猪肉末各 450g,荸荠末、火腿末、菠菜末、木耳末、胡萝卜末各 150g,植物油、香油、精盐、胡椒粉、葱姜末各适量。

【制作】

1.将蟹肉剁成蓉,同猪肉末混合,加入植物油、香油、精盐、胡椒粉、葱姜末搅拌均匀成馅料备用。

2.将面粉用开水搅拌均匀和好,放入盆内,盖上湿布饧 10min,当面团饧好后,取出,搓成长条,切成圆剂,撒上干面粉,擀成饺子皮,包入适量馅料,将饺子皮分成五等份捏拢,留出五个小孔,分别撒上菠菜末、木耳末、胡萝卜末、荸荠末、火腿末即成五喜饺坯。

3.将捏好的饺子上蒸锅蒸熟即可食用。

### 二、蟹黄灌汤蒸饺

【原料】面粉 2250g,虾仁、猪瘦肉末、蟹肉各 450g,香菇 150g,肉皮冻 900 g,植物油、香油、酱油、白糖、精盐、胡椒粉、葱姜末各适量。

【制作】

1. 将肉皮冻放入锅内煮成汁;虾仁、猪肉、蟹肉分别剁成蓉,香菇洗净切碎,一同加入植物油、香油、酱油、白糖、精盐、胡椒粉、葱姜末、肉皮冻液搅拌均匀成馅料,放入冰箱冷藏至凝固备用。

2. 将面粉用热水拌匀和好,放入盆内,盖上湿布饧 10 min,当面团饧好后,取出,搓成长条,切成圆剂,撒上干面粉,擀成饺子皮,包入适量馅料,对折捏紧成饺子。

3. 将捏好的饺子上蒸锅蒸熟即可食用。

### 三、蟹黄蒸饺

【原料】面粉 1500 g,蟹黄、虾仁各 600 g,冬笋 300 g,蟹肉、海参各 150 g,鸡蛋 9 个,植物油、香油、料酒、精盐、葱姜末各适量。

【制作】

1. 将虾仁、蟹黄、蟹肉、海参、冬笋分别切成碎粒,下入热油锅内炒片刻;鸡蛋磕入碗内,加入精盐打散,下入热油锅内炒熟铲碎,同虾仁、蟹黄、蟹肉、海参、冬笋一同混合,加入植物油、香油、料酒、精盐、葱姜末搅拌均匀成馅料备用。

2. 将面粉用热水拌匀和好,放入盆内,盖上湿布饧 10 min,当面团饧好后,取出,搓成长条,切成圆剂,撒上干面粉,擀成饺子皮,包入适量馅料,对折捏紧成饺子。

3. 将捏好的饺子上蒸锅蒸熟即可食用。

### 四、蟹黄水晶蒸饺

【原料】米粉皮 1500 g,蟹黄 450 g,猪瘦肉 600 g,虾仁、冬菇各 150 g,植物油、香油、料酒、酱油、白糖、精盐、胡椒粉、葱姜末各适量。

【制作】

1. 将猪瘦肉、冬菇分别切粒,虾仁洗净剁成蓉,蟹黄加入精盐拌匀,一起加入植物油、香油、料酒、酱油、白糖、精盐、胡椒粉、葱姜末搅拌均匀成黏稠馅料备用。

2.将米粉皮用模子压成长圆片,包入适量馅料,对折捏紧成饺子。

3.将捏好的饺子上蒸锅蒸熟即可食用。

## 五、蟹黄鲜肉蒸饺

【原料】面粉 1500g,五花肉 900g,鸡蛋清 9 个,冬笋、韭黄各 150g,猪肉皮冻 600g,蟹肉、香油、料酒、酱油、白糖、精盐、胡椒粉、葱姜末各适量。

【制作】

1.将猪肉剁成蓉,韭黄择洗干净切成末,冬笋切成粒,皮冻切碎,一同加入蟹肉、香油、料酒、酱油、白糖、精盐、胡椒粉、葱姜末搅拌均匀成馅料备用。

2.将面粉加蛋清、热水搅拌均匀和好,放入盆内,盖上湿布饧 10min,当面团饧好后,取出,搓成长条,切成圆剂,撒上干面粉,擀成饺子皮,包入适量馅料,对折捏紧成饺子。

3.将捏好的饺子上蒸锅蒸熟即可食用。

## 六、苏州蟹黄蒸饺

【原料】面粉 1500g,蟹黄 450g,猪瘦肉末 900g,猪肉皮 450g,母鸡半只,植物油、香油、料酒、酱油、白糖、精盐、胡椒粉、葱姜末各适量。

【制作】

1.将蟹黄下入五成热油锅内,加入姜末、精盐略炒,晾凉备用;猪肉皮洗净切小块,同母鸡一起下入锅内,添水,加入葱姜末烧开,小火烧煮至肉皮、鸡肉熟烂,滗出汤汁晾凉成冻,切碎备用。

2.将猪肉末、蟹黄、皮冻碎加入植物油、香油、料酒、酱油、白糖、精盐、胡椒粉、葱姜末搅拌均匀成馅料备用。

3.将面粉用热水拌匀和好,放入盆内,盖上湿布饧 10 min,当面团饧好后,取出,搓成长条,切成圆剂,撒上干面粉,擀成饺子皮,包入适量馅料,对折捏紧成饺子。

4.将捏好的饺子上蒸锅蒸熟即可食用。

# 第五节　素馅蒸饺加工实例

## 一、一品素馅蒸饺

【原料】面粉1500g,豆芽菜1500g,菠菜450g,香菇、粉丝、水发木耳各150g,面肥少许,植物油、香油、酱油、白糖、精盐、葱姜末各适量。

【制作】

1.将豆芽、菠菜分别择洗干净,用开水烫一下,捞出控水剁碎,挤去水分;香菇、木耳分别洗净切碎;粉丝用热水泡发后切成小段,同豆芽末、菠菜末、香菇末、木耳末一起混合,加入精盐、酱油、植物油、香油、白糖、葱姜末搅拌均匀成馅料备用。

2.将面粉加入面肥,用温水搅拌均匀和好,放入盆内,盖上湿布至膨胀发酵,加入适量碱水揉匀,搓成长条,切成圆剂,撒上干面粉,擀成饺子皮,包入适量馅料,对折捏紧成饺子。

3.将捏好的饺子上蒸锅蒸熟即可食用。

## 二、南瓜蒸饺

【原料】面粉1500g,南瓜1500g,油条6根,香菜300g,植物油、香油、黄酱、精盐、葱姜末各适量。

【制作】

1.将南瓜去皮、瓤洗净,擦成丝,加入精盐拌匀腌片刻,挤去水分;油条剁碎;香菜择洗干净切成末,同南瓜丝、碎油条混合,加入精盐、黄酱、植物油、香油、葱姜末搅拌均匀成馅料备用。

2.将面粉用热水拌匀和好,放入盆内,盖上湿布饧10 min,当面团饧好后,取出,搓成长条,切成圆剂,撒上干面粉,擀成饺子皮,包入适量馅料,对折捏紧成饺子。

3.将捏好的饺子上蒸锅蒸熟即可食用。

### 三、茭白蒸饺

【原料】面粉 1500g,茭白 1500g,木耳、蘑菇各 300g,香油、精盐、白糖、味精各适量。

【制作】

1.将茭白去皮洗净剁成末;木耳、蘑菇洗净均切成末,同茭白一起加入精盐、白糖、味精、香油搅拌均匀成馅料备用。

2.将面粉用热水拌匀和好,放入盆内,盖上湿布饧 10 min,当面团饧好后,取出,搓成长条,切成圆剂,撒上干面粉,擀成饺子皮,包入适量馅料,对折捏紧成饺子。

3.将捏好的饺子上蒸锅蒸熟即可食用。

### 四、素菜蒸饺(1)

【原料】面粉 1500g,青菜 1500g,玉兰片、冬菇、水发木耳各 150g,植物油、香油、酱油、精盐、葱姜末各适量。

【制作】

1.将青菜择洗干净,下入开水锅内焯一下,捞出控水切成末,挤去水分;玉兰片、香菇、木耳均切碎,同青菜末混合,加入精盐、酱油、植物油、香油、葱姜末搅拌均匀成馅料备用。

2.将面粉用热水拌匀和好,放入盆内,盖上湿布饧 10 min,当面团饧好后,取出,搓成长条,切成圆剂,撒上干面粉,擀成饺子皮,包入适量馅料,对折捏紧成饺子。

3.将捏好的饺子上蒸锅蒸熟即可食用。

### 五、素菜蒸饺(2)

【原料】面粉 1500g,青菜 1500g,烤麸、冬笋、香菇各 150g,植物油、香油、白糖、精盐、葱姜末各适量。

【制作】

1.将青菜择洗干净,下入开水锅内焯一下,捞出控水切成末,挤去水分;烤麸、香菇、冬笋均切碎。

2.炒锅注油烧热,下入葱姜末、青菜末、碎烤麸、碎香菇、碎冬笋煸炒,加入精盐、白糖、植物油、香油炒匀成馅料备用。

3.将面粉用热水拌匀和好,放入盆内,盖上湿布饧 10 min,当面团饧好后,取出,搓成长条,切成圆剂,撒上干面粉,擀成饺子皮,包入适量馅料,对折捏紧成饺子。

4.将捏好的饺子上蒸锅蒸熟即可食用。

### 六、江南百花饺

【原料】澄面 1500g,百花馅 1200g,咸鸭蛋黄 300g,鸡蛋 6 个,香菜末、精盐、植物油、干面粉各适量。

【制作】

1.将鸡蛋磕入碗内,加精盐打散,下入热油锅内摊成蛋饼,盛出切成细丝;鸭蛋黄切成小粒。

2.将澄面用开水搅拌均匀和好,放入盆内,盖上湿布饧 10min,当面团饧好后,取出,搓成长条,切成圆剂,撒上干面粉,擀成饺子皮,包入适量馅料,将三面对捏,留出 3 个小孔,分别放上鸭蛋黄粒、蛋饼丝、香菜末。

3.将捏好的饺子上蒸锅蒸熟即可食用。

## 第六节 其他饺蒸饺加工实例

### 一、驴肉萝卜蒸饺

【原料】面粉 2250g,驴肉末 400g,白萝卜 900g,植物油、香油、精盐、五香粉、鸡精、葱姜末各适量。

【制作】

1.将萝卜洗净切成末,挤去水分,同驴肉末一起加入植物油、香油、酱油、精盐、五香粉、鸡精、葱姜末搅拌均匀成馅料备用。

2.将面粉用热水拌匀和好,放入盆内,盖上湿布饧 10 min,当面团饧好后,取出,搓成长条,切成圆剂,撒上干面粉,擀成饺子皮,包入适量馅料,对折捏紧成饺子。

3.将捏好的饺子上蒸锅蒸熟即可食用。

## 二、驴肉韭菜蒸饺

【原料】面粉2250g,驴肉末1200g,韭菜1500g,植物油、香油、酱油、精盐、鸡精、五香粉各适量。

【制作】

1.将韭菜择洗干净切成末,同驴肉末一起加入植物油、香油、酱油、精盐、鸡精、五香粉搅拌均匀成馅料备用。

2.将面粉用热水拌匀和好,放入盆内,盖上湿布饧10 min,当面团饧好后,取出,搓成长条,切成圆剂,撒上干面粉,擀成饺子皮,包入适量馅料,对折捏紧成饺子。

3.将捏好的饺子上蒸锅蒸熟即可食用。

## 三、火腿冬瓜蒸饺

【原料】面粉2250g,火腿肉900g,冬瓜1500g,植物油、香油、白糖、精盐、鸡精、葱姜末各适量。

【制作】

1.将冬瓜去皮,瓤洗净切大块,下入开水锅内焯片刻,捞出过凉切成小丁,挤去水分;火腿切小丁。

2.将冬瓜丁、火腿丁加入植物油、香油、精盐、白糖、鸡精、葱姜末搅拌均匀成馅料。

3.将面粉用热水搅拌均匀和好,放入盆内,盖上湿布饧10min,当面团饧好后,取出,搓成长条,切成圆剂,撒上干面粉,擀成饺子皮,包入适量馅料,捏成月牙形饺子,推出花纹。

4.将捏好的饺子上蒸锅蒸熟即可食用。

## 四、四黄蒸饺

【原料】面粉1500g,黄花鱼肉900g,韭黄750g,蟹黄150g,鸡蛋9个,植物油、香油、酱油、精盐、葱姜末各适量。

【制作】

1.将黄花鱼肉剁成蓉,加适量清水调匀成糊状;鸡蛋磕入碗内,加入精盐打散,下入热油锅内炒熟铲碎;韭黄择洗干净切成末;蟹黄蒸熟切碎。

2.将鱼肉蓉、鸡蛋碎、韭黄末、蟹黄混合,加入植物油、酱油、精盐、香油、葱姜末拌匀即成"四黄"馅。

2.将面粉用热水拌匀和好,放入盆内,盖上湿布饧10 min,当面团饧好后,取出,搓成长条,切成圆剂,撒上干面粉,擀成饺子皮,包入适量馅料,对折捏紧成饺子。

3.将捏好的饺子上蒸锅蒸熟即可食用。

## 五、干贝翡翠蒸饺

【原料】面粉 1500g,干贝 300g,猪肉末 600g,芹菜 300g,菠菜600g,植物油、香油、精盐、白糖、白胡椒粉、葱姜末各适量。

【制作】

1.将干贝用温水泡开,捞起控干水分,撕成细丝备用;芹菜择洗干净切成末;菠菜择洗干净,下入开水锅内焯片刻,捞出晾凉,挤出菜汁备用。

2.将猪肉末、干贝丝、芹菜末加入植物油、香油、精盐、白糖、白胡椒粉搅拌均匀成黏稠馅料。

3.将面粉用热水拌匀和好,放入盆内,盖上湿布饧10 min,当面团饧好后,取出,搓成长条,切成圆剂,撒上干面粉,擀成饺子皮,包入适量馅料,对折捏紧成饺子。

4.将捏好的饺子上蒸锅蒸熟即可食用。

## 六、翡翠海皇蒸饺

【原料】澄面 1500g,虾仁 900g,带子肉 300g,胡萝卜 600g,植物油、香油、精盐、白糖、胡椒粉、菠菜汁、葱姜末各适量。

【制作】

1.将虾仁洗净剁成蓉,带子洗净剁碎,胡萝卜洗净切成丝,一同加入植物油、香油、精盐、白糖、胡椒粉、葱姜末拌匀成馅料备用。

2.将澄粉用热水及菠菜汁搅拌均匀和好,放入盆内,盖上湿布饧10min,当面团饧好后,取出,搓成长条,切成圆剂,撒上干面粉,擀成饺子皮,包入适量馅料,对折捏紧成饺子。

3.将捏好的饺子上蒸锅蒸熟即可食用。

## 七、百合蒸饺

【原料】澄面 1500g,虾胶 300g,鲜百合 1200g,植物油、香油、精盐、胡椒粉、辣椒粉、葱姜末各适量。

【制作】

1.将鲜百合洗净,切成小粒,加入虾胶、辣椒粉、精盐、胡椒粉搅拌均匀成黏稠馅料备用。

2.将澄粉用开水搅拌均匀和好,放入盆内,盖上湿布饧 10min,当面团饧好后,取出,搓成长条,切成圆剂,撒上干面粉,擀成饺子皮,包入适量馅料,对折捏紧成饺子。

3.将捏好的饺子上蒸锅蒸熟即可食用。

## 八、鸡肉花瓜蒸饺

【原料】面粉 2250g,鸡脯肉 400g,花瓜 1500g,韭菜 300g,植物油、香油、精盐、白糖、鸡精、胡椒粉各适量。

【制作】

1.将韭菜择洗干净切成末,花瓜去皮洗净剁成末,鸡肉剁成末,一同混合,加入植物油、香油、精盐、白糖、鸡精、胡椒粉搅拌均匀成馅料备用。

2.将面粉用热水拌匀和好,放入盆内,盖上湿布饧 10 min,当面团饧好后,取出,搓成长条,切成圆剂,撒上干面粉,擀成饺子皮,包入适量馅料,对折捏紧成饺子。

3.将捏好的饺子上蒸锅蒸熟即可食用。

### 九、鸡肉三鲜蒸饺

【原料】面粉 1500g，鸡脯肉 600g，水发海参、虾仁各 300g，蟹肉150g，植物油、香油、酱油、精盐、花椒粉、葱姜末各适量。

【制作】

1. 将海参、虾仁、蟹肉分别洗净切成粒，鸡胸肉剁成蓉，一同混合，加入植物油、精盐、酱油、香油、花椒粉、葱姜末搅打成黏稠的馅料备用。

2. 将面粉用热水拌匀和好，放入盆内，盖上湿布饧 10 min，当面团饧好后，取出，搓成长条，切成圆剂，撒上干面粉，擀成饺子皮，包入适量馅料，对折捏紧成饺子。

3. 将捏好的饺子上蒸锅蒸熟即可食用。

### 十、鸡肉香菇蒸饺

【原料】面粉 1500g，鸡脯肉、虾仁各 600g，香菇 300g，鸡蛋 9 个，植物油、香油、精盐、料酒、花椒粉、葱姜末各适量。

【制作】

1. 将鸡胸肉、虾仁均剁成蓉，香菇洗净切小粒，一同加入植物油、精盐、料酒、香油、花椒粉、葱姜末、蛋清搅打成黏稠的馅料备用。

2. 将面粉加热水、蛋黄搅拌均匀和好，放入盆内，盖上湿布饧10min，当面团饧好后，取出，搓成长条，切成圆剂，撒上干面粉，擀成饺子皮，包入适量馅料，对折捏紧成饺子。

3. 将捏好的饺子上蒸锅蒸熟即可食用。

### 十一、鸭肉油菜蒸饺

【原料】面粉 1500g，鸭肉 900g，油菜 750g，冬笋 300g，植物油、香油、酱油、精盐、料酒、花椒粉、葱姜末各适量。

【制作】

1. 将鸭肉洗净剁成末；冬笋洗净切小粒；油菜择洗干净，下入开水锅内焯一下，捞出晾凉，挤出汁（备用），剁成末，同鸭肉末、冬笋粒一起混合，加入植物油、精盐、酱油、料酒、香油、花椒粉、葱姜末搅打成馅料备用。

2. 将面粉用热水、油菜汁搅拌均匀和好, 放入盆内, 盖上湿布饧10min, 当面团饧好后, 取出, 搓成长条, 切成圆剂, 撒上干面粉, 擀成饺子皮, 包入适量馅料, 对折捏紧成饺子。

3. 将捏好的饺子上蒸锅蒸熟即可食用。

# 第八章 煎饺加工实例

## 一、猪肉白菜煎饺

【原料】面粉 1500g,猪肉末、白菜各 900g,植
物油、香油、酱油、精盐、鸡精、料酒、花椒粉、葱姜
末各适量。

【制作】

1. 猪肉末内加入植物油、香油、酱油、精盐、花
椒粉、鸡精、料酒、葱姜末、水搅拌均匀至黏稠;白
菜洗净剁碎,加入精盐拌匀腌片刻,挤去水分,放
入猪肉末内拌匀成馅料备用。

2. 将面粉用热水搅拌均匀和好,放入盆内,盖上湿布饧 10min,当
面团饧好后,取出,搓成长条,切成圆剂,撒上干面粉,擀成饺子皮,包
入适量馅料,对折捏紧成月牙形饺子。

3. 平锅注油烧热,码入饺子,煎至底部金黄色,淋适量清水,盖上
锅盖焖 5min,再淋少许清水,盖盖焖 5min,至饺子熟透即可食用。

## 二、猪肉发面煎饺

【原料】面粉 1500g,猪肉末 1500g,葱末 600g,面肥少许,植物油、
香油、酱油、精盐、鸡精、碱、料酒、花椒粉、姜末各适量。

【制作】

1. 将猪肉末内加入葱末、植物油、香油、酱油、花椒粉、鸡精、料
酒、姜末、水搅拌均匀至黏稠成馅料。在捏制之前再加入适量精盐,
防止因馅料出水,而使馅料的鲜味流失。

2. 将面粉加入面肥、温水、搅拌均匀和好,放入盆内,盖上湿布至
膨胀发酵,当面团饧好后,取出,加入适量碱水揉匀,搓成长条,切成

圆剂,撒上干面粉,擀成饺子皮,包入适量馅料,对折捏紧成月牙形饺子。

3.平锅注油烧热,码入饺子,煎至底部金黄色,淋适量清水,盖上锅盖焖5min,再淋少许清水,盖盖焖5min,至饺子熟透即可食用。

### 三、南味生煎饺

【原料】面粉1500g,猪肉末1200g,虾仁750g,冬菇300g,植物油、香油、精盐、料酒、鸡汤、花椒粉、葱姜末各适量。

【制作】

1.将虾仁、冬菇切碎;猪肉末加入鸡汤搅打至黏稠,加入虾仁、冬菇、植物油、香油、精盐、花椒粉、料酒、葱姜末搅拌均匀成馅料备用。

2.将面粉用热水搅拌均匀和好,放入盆内,盖上湿布饧10min,当面团饧好后,取出,搓成长条,切成圆剂,撒上干面粉,擀成饺子皮,包入适量馅料,对折捏紧成月牙形饺子。

3.平锅注油烧热,码入饺子,煎至底部金黄色,淋适量清水,盖上锅盖焖5min,再淋少许清水,盖盖焖5min,至饺子熟透即可食用。

### 四、猪肉咖喱煎饺

【原料】面粉1500g,猪肉末、白菜各1500g,鸡蛋12个,洋葱150g,植物油、香油、精盐、鸡精、咖喱粉、姜末各适量。

【制作】

1.将白菜洗净剁成末,挤去水分;洋葱去皮洗净切末,下入热油锅内略炒,加入猪肉末、白菜末、香油、咖喱粉、鸡精、姜末炒匀成馅料,在捏制之前再加入适量精盐,防止因馅料出水,而使馅料的鲜味流失。

2.将面粉加鸡蛋液、水搅拌均匀成糊状备用。

3.炒锅注油烧热,舀入适量面糊摊成饼,放入馅料,对折成月牙形,煎至两面金黄熟透即可食用。

### 五、肉蛋煎饺

【原料】面粉 1500g,猪肉末、牛肉末各 600g,鸡蛋 9 个,洋葱 150g,鸡油、香油、精盐各适量。

【制作】

1.将猪肉末、牛肉末混合,加入香油、精盐、洋葱末、鸡油搅拌成黏稠的馅料备用。

2.将鸡蛋磕入碗内,加入精盐、少许水打散备用。

3.将面粉用热水、鸡蛋液搅拌均匀和好,放入盆内,盖上湿布饧 10min,当面团饧好后,取出,搓成长条,切成圆剂,撒上干面粉,擀成饺子皮,包入适量馅料,对折捏紧成月牙形饺子。

4.平锅注入鸡油烧热,码入饺子,煎至底部金黄色,淋适量清水,盖上锅盖焖 5min,至饺子熟透即可食用。

### 六、鸡汁煎饺

【原料】面粉 1500g,猪肉末 1500g,鸡蛋 6 个,植物油、香油、料酒、精盐、白糖、胡椒粉、姜汁、鸡汤各适量。

【制作】

1.猪肉末内加入鸡汤搅打至黏稠,再加入姜汁、精盐、香油、料酒、白糖、胡椒粉拌匀成馅料备用。

2.将面粉用热水、鸡蛋液搅拌均匀和好,放入盆内,盖上湿布饧 10min,当面团饧好后,取出,搓成长条,切成圆剂,撒上干面粉,擀成饺子皮,包入适量馅料,对折捏紧成月牙形饺子。

3.平锅烧热,码入饺子,淋入植物油、少许清水,盖上锅盖,小火煎至底部金黄色,再淋少许清水焖 5min,至饺子熟透即可食用。

### 七、冰花煎饺

【原料】面粉 1500g,猪肉末 900g,琵琶虾 750g,韭菜末 450g,鸡蛋 3 个,香油、精盐、料酒、胡椒粉、姜末各适量。

【制作】

1.将琵琶虾下入开水锅内焯一下,捞出去皮留肉,同猪肉末混合,加入鸡蛋液、料酒、胡椒粉、精盐、香油、姜末搅拌均匀,再放入韭菜末拌匀成馅料;取面粉、水调匀成面汁备用。

2.将面粉用热水搅拌均匀和好,放入盆内,盖上湿布饧10 min,当面团饧好后,取出,搓成长条,切成圆剂,撒上干面粉,擀成饺子皮,包入适量馅料,对折捏紧成月牙形饺子。

3.平锅注油烧热,码入饺子,煎至底部金黄色,淋适量清水,盖上锅盖,焖至水分蒸发,浇入面汁,盖盖焖至面汁凝固、饺子熟透即可食用。

## 八、猪肉白菜锅贴

【原料】面粉1500g,猪肉末1200g,白菜1500g,植物油、香油、精盐、黄酱、酱油、鸡精、料酒、葱姜末各适量。

【制作】

1.将白菜洗净剁碎,加入精盐拌匀腌片刻,挤去水分;猪肉末内加入植物油、精盐、黄酱、酱油、料酒、鸡精、葱姜末搅拌至黏稠,再放入白菜、香油搅拌均匀成馅料备用。

2.将面粉用热水搅拌均匀和好,放入盆内,盖上湿布饧10 min,当面团饧好后,取出,搓成长条,切成圆剂,撒上干面粉,擀成饺子皮,包入适量馅料,对折捏紧成月牙形锅贴生坯。

3.平锅注油烧热,码入锅贴略煎,淋适量清水,盖上锅盖焖5 min,再淋少许清水焖5 min,至锅贴底部呈黄色焦硬,盛出即可食用。

## 九、猪肉韭菜锅贴

【原料】面粉1500g,猪肉末1200g,韭菜750g,植物油、香油、酱油、精盐、鸡精、姜末各适量。

【制作】

1.将韭菜择洗干净切成末,猪肉末内加入植物油、精盐、酱油、鸡精、姜末搅拌至黏稠,放入韭菜、香油搅拌均匀成馅料备用。

2.将面粉用热水搅拌均匀和好,放入盆内,盖上湿布饧10min,当面团饧好后,取出,搓成长条,切成圆剂,撒上干面粉,擀成饺子皮,包入适量馅料,对折捏紧成月牙形锅贴生坯。

3.平锅注油烧热,码入锅贴略煎,淋适量清水,盖上锅盖焖5 min,再淋少许清水焖5min,至锅贴底部呈黄色焦硬,盛出即可食用。

## 十、猪肉南瓜锅贴

【原料】面粉1500g,猪肉末1200g,南瓜1500g,植物油、香油、酱油、精盐、料酒、鸡精、姜末各适量。

【制作】

1.将南瓜去皮、瓤洗净擦成丝,加入精盐拌匀腌片刻,挤去水分;猪肉末内加入植物油、精盐、酱油、料酒、鸡精、姜末搅拌至黏稠,再放入南瓜丝、香油搅拌均匀成馅料备用。

2.将面粉用热水搅拌均匀和好,放入盆内,盖上湿布饧10 min,当面团饧好后,取出,搓成长条,切成圆剂,撒上干面粉,擀成饺子皮,包入适量馅料,对折捏紧成月牙形锅贴生坯。

3.平锅注油烧热,码入锅贴略煎,淋适量清水,盖上锅盖焖5min,再淋少许清水焖5min,至锅贴底部呈黄色焦硬,盛出即可食用。

## 十一、猪肉茄子锅贴

【原料】面粉1500g,猪肉末1200g,茄子1500g,植物油、香油、精盐、鸡精、葱姜末各适量。

【制作】

1.将茄子去蒂、皮洗净,切成丝剁碎;猪肉末内加入植物油、精盐、酱油、鸡精、葱姜末搅拌至黏稠,再放入茄子、香油搅拌均匀成馅料备用。

2.将面粉用热水搅拌均匀和好,放入盆内,盖上湿布饧10 min,当面团饧好后,取出,搓成长条,切成圆剂,撒上干面粉,擀成饺子皮,包入适量馅料,对折捏紧成月牙形锅贴生坯。

3.平锅注油烧热,码入锅贴略煎,淋适量清水,盖上锅盖焖

5 min,再淋少许清水焖 5 min,至锅贴底部呈黄色焦硬,盛出即可食用。

## 十二、什锦锅贴

【原料】面粉 1500g,猪肉末 600g,鸡胸肉 300g,虾仁 450g,鸡蛋 6个,水发干贝、火腿、水发海参、冬菇、水发木耳、玉兰片各 25g,植物油、香油、酱油、精盐、葱姜末各适量。

【制作】

1. 将鸡胸肉剁成蓉;鸡蛋磕入碗内加精盐打散,下入热油锅内炒熟铲碎;虾仁剁成蓉;干贝、火腿、海参、木耳、冬菇、玉兰片洗净均切成粒,同猪肉末、鸡肉末、鸡蛋碎一同混合,加入植物油、香油、精盐、酱油、葱姜末搅拌均匀成馅料。

2. 将面粉用热水搅拌均匀和好,放入盆内,盖上湿布饧 10 min,当面团饧好后,取出,搓成长条,切成圆剂,撒上干面粉,擀成饺子皮,包入适量馅料,对折捏紧成月牙形锅贴生坯。

3. 平锅注油烧热,码入锅贴略煎,淋适量清水,盖上锅盖焖 5min,再淋少许清水焖 5min,至锅贴底部呈黄色焦硬,盛出即可食用。

## 十三、三鲜锅贴(1)

【原料】面粉 1500g,猪肉 900g,水发海参 300g,水发干贝、海米、水发木耳各 75g,植物油、香油、酱油、精盐、鸡精、葱姜末各适量。

【制作】

1. 将猪肉洗净切小粒,加入精盐、鸡精、葱姜末搅打至黏稠;海米、海参、木耳、干贝洗净切碎粒,放入肉粒内,加入植物油、香油、精盐、酱油、葱姜末搅拌均匀成馅料。

2. 将面粉用热水搅拌均匀和好,放入盆内,盖上湿布饧 10 min,当面团饧好后,取出,搓成长条,切成圆剂,撒上干面粉,擀成饺子皮,包入适量馅料,对折捏紧成月牙形锅贴生坯。

3. 平锅注油烧热,码入锅贴略煎,淋适量清水,盖上锅盖焖 5 min,再淋少许清水焖 5 min,至锅贴底部呈黄色焦硬,盛出即可食用。

### 十四、三鲜锅贴(2)

【原料】面粉 1500g,猪肉末 900g,虾仁 300g,水发海参、荸荠各150g,植物油、香油、料酒、精盐、葱姜末各适量。

【制作】

1.将荸荠去皮洗净切成粒,虾仁、海参洗净均切成碎粒,同猪肉末混合,加入植物油、香油、料酒、精盐、酱油、葱姜末搅拌均匀成馅料。

2.将面粉用热水搅拌均匀和好,放入盆内,盖上湿布饧 10 min,当面团饧好后,取出,搓成长条,切成圆剂,撒上干面粉,擀成饺子皮,包入适量馅料,对折捏紧成月牙形锅贴生坯。

3.平锅注油烧热,码入锅贴略煎,淋适量清水,盖上锅盖焖 5min,再淋少许清水焖 5min,至锅贴底部呈黄色焦硬,盛出即可食用。

### 十五、三鲜锅贴(3)

【原料】面粉 1500g,鸡胸肉末 900g,虾仁 300g,海米、香菇各150g,植物油、香油、料酒、精盐、酱油、葱姜末各适量。

【制作】

1.将虾仁、海米、冬菇洗净均切碎粒,同猪肉末混合,加入植物油、香油、料酒、精盐、酱油、葱姜末搅拌均匀成馅料。

2.将面粉用热水搅拌均匀和好,放入盆内,盖上湿布饧 10 min,当面团饧好后,取出,搓成长条,切成圆剂,撒上干面粉,擀成饺子皮,包入适量馅料,对折捏紧成月牙形锅贴生坯。

3.平锅注油烧热,码入锅贴略煎,淋适量清水,盖上锅盖焖 5min,再淋少许清水焖 5min,至锅贴底部呈黄色焦硬,盛出即可食用。

### 十六、鱼肉锅贴

【原料】面粉 1500g,鱼肉 900g,五花肉 150g,冬笋 300g,韭黄 75g,香油、精盐、料酒各适量。

【制作】

1. 将鱼肉、五花肉、冬笋均切成细丝,韭黄择洗干净切成末,一同混合,加入香油、精盐、料酒搅拌均匀成馅料备用。

2. 将面粉用热水搅拌均匀和好,放入盆内,盖上湿布饧10 min,当面团饧好后,取出,搓成长条,切成圆剂,撒上干面粉,擀成饺子皮,包入适量馅料,对折捏紧成月牙形锅贴生坯。

3. 平锅注油烧热,码入锅贴略煎,淋适量清水,盖上锅盖焖5min,再淋少许清水焖5min,至锅贴底部呈黄色焦硬,盛出即可食用。

## 十七、牛肉韭菜煎饺

【原料】面粉1500g,牛肉末1500g,韭菜750g,植物油、香油、酱油、精盐、料酒、姜末各适量。

【制作】

1. 将韭菜择洗干净切成末,同牛肉末混合,加入植物油、香油、酱油、料酒、精盐、姜末搅拌成黏稠的馅料备用。

2. 将面粉用热水搅拌均匀和好,放入盆内,盖上湿布饧10 min,当面团饧好后,取出,搓成长条,切成圆剂,撒上干面粉,擀成饺子皮,包入适量馅料,对折捏紧成月牙形饺子。

3. 平锅注油烧热,码入饺子,煎至底部金黄色,淋少许清水,盖上锅盖焖几分钟,熟透即可食用。

## 十八、牛肉西葫芦锅贴

【原料】面粉2250g,牛肉末900g,西葫芦1500g,植物油、香油、酱油、精盐、料酒、黄酱、花椒粉、葱姜末各适量。

【制作】

1. 将西葫芦去皮、瓤洗净擦成丝,加入精盐拌匀腌片刻,挤去水分;牛肉末加入植物油、精盐、料酒、黄酱、酱油、花椒粉、葱姜末搅打至黏稠,放入西葫芦丝、香油搅拌均匀成馅料备用。

2. 将面粉用热水搅拌均匀和好,放入盆内,盖上湿布饧10 min,当面团饧好后,取出,搓成长条,切成圆剂,撒上干面粉,擀成饺子皮,包入适量馅料,对折捏紧成月牙形锅贴生坯。

3.平锅注油烧热,码入锅贴略煎,淋适量清水,盖上锅盖焖5min,再淋少许清水焖5min,至锅贴底部呈黄色焦硬,盛出即可食用。

### 十九、牛肉青椒锅贴

【原料】面粉1500g,牛肉末1200g,青椒1500g,植物油、香油、精盐、料酒、酱油、黄酱、葱姜末各适量。

【制作】

1.将青椒去蒂、籽洗净,下入开水锅内烫一下,捞出过凉控水,切成碎末,挤去水分。

2.牛肉末内加入植物油、香油、精盐、料酒、黄酱、酱油、葱姜末搅打至黏稠,再放入青椒末搅拌均匀成馅料备用。

2.将面粉用热水搅拌均匀和好,放入盆内,盖上湿布饧10 min,当面团饧好后,取出,搓成长条,切成圆剂,撒上干面粉,擀成饺子皮,包入适量馅料,对折捏紧成月牙形锅贴生坯。

3.平锅注油烧热,码入锅贴略煎,淋适量清水,盖上锅盖焖5min,再淋少许清水焖5min,至锅贴底部呈黄色焦硬,盛出即可食用。

### 二十、京味锅贴(1)

【原料】面粉2250g,牛肉末900g,白菜1500g,植物油、香油、酱油、黄酱、精盐、鸡精、料酒、花椒粉、葱姜末各适量。

【制作】

1.牛肉末内加入植物油、香油、酱油、黄酱、精盐、花椒粉、鸡精、料酒、葱姜末搅拌均匀至黏稠;白菜洗净剁碎,加入精盐拌匀腌片刻,挤去水分,放入牛肉末内拌匀成馅料备用。

2.将面粉用热水搅拌均匀和好,放入盆内,盖上湿布饧10 min,当面团饧好后,取出,搓成长条,切成圆剂,撒上干面粉,擀成饺子皮,包入适量馅料,对折捏紧成月牙形锅贴生坯。

3. 平锅注油烧热,码入锅贴略煎,淋适量清水,盖上锅盖焖5 min,再淋少许清水焖 5 min,至锅贴底部呈黄色焦硬,盛出即可食用。

## 二十一、京味锅贴(2)

【原料】面粉 1500 g,猪肉末 900 g,鸡蛋 15 个,牛奶 750 g,植物油、酱油、精盐、葱姜末各适量。

【制作】

1. 猪肉末内加入植物油、酱油、精盐、葱姜末、水搅打至黏稠馅料备用。

2. 将面粉加入鸡蛋液、牛奶、水、精盐搅拌均匀成糊状备用。

3. 炒锅注油烧热,舀入面糊摊成饼,放入适量馅料,将饼对折成月牙形,煎至两面金黄,盛出即可食用。

## 二十二、羊肉大葱锅贴

【原料】面粉 1500 g,羊肉末 1500 g,葱末 600 g,植物油、香油、酱油、精盐、料酒、花椒粉、姜末各适量。

【制作】

1. 羊肉末内加入植物油、香油、精盐、料酒、酱油、花椒粉、姜末搅打至黏稠,放入葱末搅拌均匀成馅料备用。

2. 将面粉用热水搅拌均匀和好,放入盆内,盖上湿布饧 10 min,当面团饧好后,取出,搓成长条,切成圆剂,撒上干面粉,擀成饺子皮,包入适量馅料,对折捏紧成月牙形锅贴生坯。

3. 平锅注油烧热,码入锅贴略煎,淋适量清水,盖上锅盖焖5 min,再淋少许清水焖 5 min,至锅贴底部呈黄色焦硬,盛出即可食用。

## 二十三、羊肉冬瓜锅贴

【原料】面粉 2250 g,羊肉末 900 g,冬瓜 1500 g,植物油、香油、酱油、精盐、料酒、花椒粉、葱姜末各适量。

【制作】

1.将冬瓜去皮、瓤洗净擦成丝,加入精盐拌匀腌片刻,挤去水分;羊肉末内加入植物油、精盐、料酒、酱油、花椒粉、葱姜末搅打至黏稠,放入冬瓜丝搅拌均匀成馅料备用。

2.将面粉用热水搅拌均匀和好,放入盆内,盖上湿布饧 10 min,当面团饧好后,取出,搓成长条,切成圆剂,撒上干面粉,擀成饺子皮,包入适量馅料,对折捏紧成月牙形锅贴生坯。

3.平锅注油烧热,码入锅贴略煎,淋适量清水,盖上锅盖焖 5 min,再淋少许清水焖 5 min,至锅贴底部呈黄色焦硬,盛出即可食用。

## 二十四、三鲜咖喱饺

【原料】澄粉 1500 g,虾仁、猪肉末各 600 g,笋丝 300 g,咖喱粉、精盐、白糖、香油、胡椒粉、淀粉各适量。

【制作】

1.将虾仁洗净剁成蓉,笋丝洗净,同猪肉末混合,加入香油、胡椒粉、白糖、精盐拌匀成馅料备用。

2.将澄粉、咖喱粉、淀粉加精盐、开水搅匀和好,放入盆内,盖上湿布饧 10 min,当面团饧好后,取出,搓成长条,切成圆剂,撒上干面粉,擀成饺子皮,包入适量馅料,对折捏紧成月牙形饺子。

3.平锅注油烧热,码入饺子,煎至底部金黄色,淋适量清水,盖上锅盖焖 5 min,至饺子熟透即可食用。

## 二十五、虾皮韭菜锅贴

【原料】面粉 1500 g,韭菜 1500 g,虾皮 100 g,植物油、香油、酱油、精盐、姜末各适量。

【制作】

1.将韭菜择洗干净切成末,虾皮剁碎,加入植物油、香油、精盐、酱油、姜末搅拌均匀成馅料备用。

2.将面粉用热水搅拌均匀和好,放入盆内,盖上湿布饧 10 min,当面团饧好后,取出,搓成长条,切成圆剂,撒上干面粉,擀成饺子皮,包入适量馅料,对折捏紧成月牙形锅贴生坯。

3.平锅注油烧热,码入锅贴略煎,淋适量清水,盖上锅盖焖5min,再淋少许清水焖5min,至锅贴底部呈黄色焦硬,盛出即可食用。

### 二十六、虾仁豆腐锅贴

【原料】面粉1500g,豆腐1500g,虾仁100g,蒜苗50g,植物油、香油、精盐、花椒粉、葱姜末各适量。

【制作】

1.将豆腐下入开水锅内煮片刻,捞出过凉控水,抓碎;蒜苗择洗干净切成末;虾仁切碎。

2.将豆腐加入虾仁、蒜苗、植物油、香油、精盐、葱姜末搅拌均匀成馅料备用。

2.将面粉用热水搅拌均匀和好,放入盆内,盖上湿布饧10 min,当面团饧好后,取出,搓成长条,切成圆剂,撒上干面粉,擀成饺子皮,包入适量馅料,对折捏紧成月牙形锅贴生坯。

3.平锅注油烧热,码入锅贴略煎,淋适量清水,盖上锅盖焖5min,再淋少许清水焖5min,至锅贴底部呈黄色焦硬,盛出即可食用。

### 二十七、鸡蛋鲜虾煎饺

【原料】猪肉末250g,虾仁1500g,冬菇300g,鸡蛋9个,植物油、香油、精盐、白糖、胡椒粉、葱姜末各适量。

【制作】

1.将一半虾仁、冬菇分别洗净切碎,同猪肉末混合,加入植物油、香油、精盐、胡椒粉、白糖、葱姜末搅拌均匀成三鲜馅料备用;余下虾仁剁成蓉,加入白糖、胡椒粉、鸡蛋液、香油拌匀成虾糊备用。

2.平锅注油烧热,放入适量虾糊,煎成片,加适量馅料,对折成月牙形,煎至两面金黄熟透即可食用。

## 二十八、素味煎饺

【原料】面粉2250g,胡萝卜900g,香菇300g,炸豆腐皮750g,植物油、素沙茶酱、精盐各适量。

【制作】

1.将胡萝卜洗净擦成丝,加少许精盐拌匀腌片刻,挤去水分;香菇洗净切丁;炸豆腐皮压碎,下入热油锅内,加入沙茶酱翻炒,盛出晾凉,放入胡萝卜丝、香菇丁搅拌均匀成馅料备用。

2.将面粉用热水搅拌均匀和好,放入盆内,盖上湿布饧10 min,当面团饧好后,取出,搓成长条,切成圆剂,撒上干面粉,擀成饺子皮,包入适量馅料,对折捏紧成月牙形成饺子。

3.平锅注油烧热,码入饺子,煎至底部金黄色,淋适量清水,盖上锅盖焖5 min,至饺子熟透即可食用。

## 二十九、豆腐煎饺

【原料】面粉1500g,老豆腐900g,猪肉末600g,粉丝150g,香油、料酒、精盐、酱油、胡椒粉、葱姜末各适量。

【制作】

1.将老豆腐洗净切丁,下入开水锅内,加少许精盐焯片刻,捞出控水;粉丝用热水泡软,控水切碎;猪肉末同豆腐丁、粉丝末混合,加入料酒、精盐、葱姜末、酱油、香油、胡椒粉搅拌均匀成馅料备用。

2.将面粉用热水搅拌均匀和好,放入盆内,盖上湿布饧10 min,当面团饧好后,取出,搓成长条,切成圆剂,撒上干面粉,擀成饺子皮,包入适量馅料,对折捏紧成月牙形成饺子。

3.平锅注油烧热,码入饺子,煎至底部金黄色,淋适量清水,盖上锅盖焖5 min,至饺子熟透即可食用。

### 三十、素味锅贴

【原料】面粉 1500g,白菜 1500g,水发粉条 200g,水发木耳、冬菇、海米各 50g,植物油、香油、酱油、精盐、葱姜末各适量。

【制作】

1. 将白菜洗净,下入开水锅内焯一下,捞出控水剁碎,挤去水分;粉条、木耳、冬菇、海米均洗净切碎,同白菜一起混合,加入植物油、香油、精盐、酱油、葱姜末搅拌均匀成馅料备用。

2. 将面粉用热水搅拌均匀和好,放入盆内,盖上湿布饧 10 min,当面团饧好后,取出,搓成长条,切成圆剂,撒上干面粉,擀成饺子皮,包入适量馅料,对折捏紧成月牙形锅贴生坯。

3. 平锅注油烧热,码入锅贴略煎,淋适量清水,盖上锅盖焖 5 min,再淋少许清水焖 5 min,至锅贴底部呈黄色焦硬,盛出即可食用。

# 第九章　炸饺加工实例

## 一、猪肉炸饺

【原料】面粉 1500g，猪五花肉末 900g，大葱末 600g，植物油、酱油、料酒、精盐、白糖、鸡精、姜末各适量。

【制作】

1. 猪肉末内加入植物油、酱油、料酒、精盐、鸡精、葱姜末搅拌成黏稠的馅料备用。

2. 将面粉加水搅拌均匀和好，搓成长条，切成圆剂，撒上干面粉，擀成饺子皮，填入适量馅料，对折捏紧成月牙形饺子生坯。

3. 炒锅注油烧至五成热，下入饺子，用中火将饺子炸至金黄色浮起，捞出即可食用。

## 二、火腿炸饺

【原料】面粉 1500g，火腿 900g，大葱末 600g，植物油、精盐、鸡精各适量。

【制作】

1. 将火腿切成碎末，加入植物油、精盐、鸡精、葱末拌匀成馅料备用。

2. 将一半的面粉加入植物油搅拌均匀，揉成干油酥面；剩余面粉加入植物油、温水搅拌均匀，揉成水油面备用。

3. 将干油酥面包入水油面内，搓成长条，切成圆剂，擀成饺子皮，包入适量馅料，对折捏紧成月牙形饺子生坯。

4. 炒锅注油烧至五成热，下入饺子，用中火将饺子炸至金黄色浮起，捞出即可食用。

### 三、猪肉什锦炸饺(1)

【原料】面粉 1200g,玉米粉 300g,猪肉末 900g,虾仁、香菇、火腿末、海米各 50g,植物油、香油、酱油、精盐、鸡精、胡椒粉、白糖、葱姜末各适量。

【制作】

1.将香菇洗净切碎,海米剁碎,虾仁切碎,同猪肉末、火腿末混合,加入植物油、香油、酱油、精盐、白糖、鸡精、胡椒粉、葱姜末搅拌均匀成馅料备用。

2.将面粉、玉米粉加水搅拌均匀和好,搓成长条,切成圆剂,擀成饺子皮,包入适量馅料,对折捏紧成月牙形饺子生坯。

3.炒锅注油烧至五成热,下入饺子,用中火将饺子炸至金黄色浮起,捞出即可食用。

### 四、猪肉什锦炸饺(2)

【原料】江米粉 1500g,澄粉 450g,猪肉末 750g,虾仁 450g,鸡肝 300g,冬菇、荸荠各 150g,植物油、香油、酱油、料酒、精盐、白糖、鸡精、淀粉、葱姜末各适量。

【制作】

1.将虾仁、鸡肝、冬菇、荸荠分别洗净切粒,同猪肉末一起下入热油锅内,加入酱油、料酒、香油、精盐、鸡精、葱姜末炒熟,用湿淀粉勾芡,制成馅料晾凉备用。

2.将江米粉加入澄粉、白糖、适量温水调稀,倒入刷过油的大碗内,上锅蒸 30min,取出晾凉,搓成长条,切成圆剂,擀成饺子皮,包入适量馅料,对折捏紧成月牙形饺子生坯。

3.炒锅注油烧至五成热,下入饺子,用中火将饺子炸至金黄色浮起,捞出即可食用。

### 五、猪肉韭菜炸饺

【原料】面粉 1500g,带皮猪肉 1500g,韭菜 600g,植物油、酱油、黄酱、料酒、鸡精、姜末各适量。

【制作】

1. 将猪肉皮剔下，同猪肉分别洗净，一起下入锅内，添适量水烧开，小火煮至肉、皮熟烂，捞出晾凉，均切成小丁；韭菜择洗干净切成末。

2. 炒锅注油烧热，下入姜末、肉丁、肉皮丁、黄酱、酱油、料酒、鸡精煸炒，加少许肉汤煮至黏稠，盛出晾凉，放入韭菜末搅拌均匀成馅料备用。

3. 将面粉加开水搅拌均匀和好，搓成长条，切成圆剂，撒上干面粉，擀成饺子皮，包入适量馅料，对折捏紧成月牙形饺子生坯。

3. 炒锅注油烧至五成热，下入饺子，用中火将饺子炸至金黄色浮起，捞出即可食用。

## 六、猪肉荸荠炸饺

【原料】面粉1500g，猪肉、肉皮各300g，鸡胸肉600g，荸荠300g，植物油、香油、料酒、精盐、白糖、鸡精、胡椒粉、南芥末、明矾、葱、姜各适量。

【制作】

1. 将猪肉皮刮洗干净，同猪肉、鸡肉一起下入锅内，加葱段、姜片煮至熟烂，捞出晾凉，均切成丁；荸荠去皮洗净切碎。

2. 炒锅注油烧热，下入葱姜末炝锅，倒入肉汤，加入料酒、精盐、胡椒粉，放入猪肉丁、鸡肉丁、肉皮丁、南芥末、荸荠烧开，倒入碗内晾凉后放入冰箱冷藏，凝固后切成小粒备用。

3. 将面粉加入明矾、精盐、开水搅拌均匀和好，搓成长条，切成圆剂，撒上干面粉，擀成饺子皮，包入适量馅料，对折捏紧成月牙形饺子生坯。

4. 炒锅注油烧至五成热，下入饺子，用中火将饺子炸至金黄色浮起，捞出即可食用。

### 七、猪肉香芋炸饺

【原料】玉米粉 600g，芋头 1500g，猪肉末、鱼肉末各 600g，香菇 150g，植物油、香油、酱油、料酒、精盐、白糖、胡椒粉、葱姜末各适量。

【制作】

1. 将香菇洗净切碎，同猪肉末、鱼肉末混合，加入植物油、精盐、酱油、料酒、胡椒粉、白糖、葱姜末搅拌均匀成馅料备用。

2. 将芋头洗净，上锅蒸熟透，去皮压成蓉，加入玉米粉、白糖、精盐、香油、胡椒粉搅拌均匀和好，搓成长条，切成圆剂，撒上干面粉，擀成饺子皮，包入适量馅料，对折捏紧成月牙形饺子生坯。

3. 炒锅注油烧至五成热，下入饺子，用中火将饺子炸至金黄色浮起，捞出即可食用。

### 八、猪肉三丝炸饺

【原料】面粉 1500g，猪肉丝 900g，香菜、冬笋各 300g，植物油、香油、料酒、精盐、鸡精、葱姜末各适量。

【制作】

1. 将香菇、冬笋洗净均切成丝，同猪肉丝下入热油锅内，加入料酒、葱姜末、精盐、鸡精、香油煸炒片刻，盛出晾凉成馅料备用。

2. 将一半的面粉加入植物油搅拌均匀，揉成干油酥面；剩余面粉加入植物油、温水搅拌均匀，揉成水油面备用。

3. 将干油酥面包入水油面内，擀成片，卷成筒，切成圆剂，撒上干面粉，擀成饺子皮，包入适量馅料，对折捏紧成月牙形饺子生坯。

4. 炒锅注油烧至五成热，下入饺子，用中火将饺子炸至金黄色浮起，捞出即可食用。

### 九、猪肉酸辣炸饺

【原料】面粉 1500g，猪肉末 900g，虾仁 600g，鸡蛋 6 个，火腿、冬菇、笋各 150g，植物油、料酒、醋、精盐、芥末粉、番茄沙司、胡椒粉、葱姜末各适量。

【制作】

1. 将火腿、冬菇、笋、虾仁洗净均切碎,同猪肉末一起加入植物油、料酒、精盐、胡椒粉、葱姜末搅拌均匀成馅料备用。

2. 将面粉磕入鸡蛋,加入适量温水搅拌均匀和好,搓成长条,切成圆剂,撒上干面粉,擀成饺子皮,包入适量馅料,对折捏紧成月牙形饺子生坯。

3. 炒锅注油烧至五成热,下入饺子,用中火将饺子炸至金黄色浮起,捞出,将番茄沙司、芥末粉、醋调匀,蘸食即可。

## 十、猪肉香菜炸饺

【原料】面粉1500g,猪肉末1200g,香菜1500g,植物油、香油、酱油、料酒、精盐、花椒粉、葱姜末各适量。

【制作】

1. 将香菜择洗干净切成末,猪肉末加入植物油、香油、酱油、料酒、葱姜末、精盐、花椒粉、葱姜末搅拌至黏稠,再放入香菜末拌匀成馅料备用。

2. 将面粉加入适量开水搅拌均匀和好,搓成长条,切成圆剂,撒上干面粉,擀成饺子皮,包入适量馅料,对折捏紧成月牙形饺子生坯。

3. 炒锅注油烧至五成热,下入饺子,用中火将饺子炸至金黄色浮起,捞出即可食用。

## 十一、猪肉糯米炸饺

【原料】自发粉1500g,猪肉末900g,糯米600g,植物油、酱油、料酒、精盐、白糖、胡椒粉、葱姜末各适量。

【制作】

1. 将糯米洗净,上锅加水蒸熟,晾凉后加入植物油、酱油、料酒、葱姜末、精盐、胡椒粉、白糖、猪肉末搅拌均匀成馅料备用。

2. 将自发粉加入适量温水搅拌均匀和好,盖上湿布,饧至发酵,饧好之后,取出,搓成长条,切成圆剂,撒上干面粉,擀成饺子皮,包入适量馅料,对折捏紧成月牙形饺子生坯。

3.炒锅注油烧至五成热,下入饺子,用中火将饺子炸至金黄色浮起,捞出即可食用。

## 十二、猪肉米粉炸饺

【原料】米粉1500g,五花肉、豆腐干各750g,植物油、酱油、精盐、鸡精、水淀粉、葱姜末各适量。

【制作】

1.将五花肉、豆腐干切成小丁,下入热油锅内,加入葱姜末、酱油、精盐煸炒,用水淀粉勾芡,制成馅料备用。

2.炒锅烧热,放入米粉、精盐略炒,加入适量清水,煮至米粉熟透,盛出晾凉和好,搓成长条,切成圆剂,撒上干面粉,擀成饺子皮,包入适量馅料,对折捏紧成月牙形饺子生坯。

3.炒锅注油烧至五成热,下入饺子,用中火将饺子炸至金黄色浮起,捞出即可食用。

## 十三、猪肉冬菜炸饺

【原料】面粉1500g,猪肉末、冬菜各600g,植物油、香油、酱油、精盐、料酒、鸡精、白糖、胡椒粉、葱姜末各适量。

【制作】

1.将冬菜洗净剁成末,同猪肉末一起下入热油锅内,加入葱姜末、酱油、香油、料酒、白糖、精盐、胡椒粉炒熟成馅料备用。

2.将面粉加开水搅拌均匀和好,搓成长条,切成圆剂,撒上干面粉,擀成饺子皮,包入适量馅料,对折捏紧成月牙形饺子生坯。

3.炒锅注油烧至五成热,下入饺子,用中火将饺子炸至金黄色浮起,捞出即可食用。

## 十四、萝卜酥饺

【原料】面粉1500g,白萝卜1500g,猪板油450g,鸡蛋3个,植物油、香油、精盐、白糖、芝麻、葱姜末各适量。

【制作】

1.将猪板油去皮切小碎丁,肉皮切碎;鸡蛋磕入碗内打散;萝卜洗净擦成丝,加入精盐拌匀腌片刻,挤去水分,加入香油、猪板油丁、葱姜末、白糖、精盐拌匀成馅料备用。

2.将一半的面粉加入植物油搅拌均匀,揉成干油酥面;剩余面粉加入植物油、温水搅拌均匀,揉成水油面。

3.将干油酥面包入水油面内,擀成片,卷成筒,切成圆剂,撒上干面粉,擀成饺子皮,包入适量馅料,对折捏紧成月牙形,蘸匀鸡蛋液,撒上芝麻,即成酥饺生坯。

4.炒锅注油烧至五成热,下入饺子,用中火将饺子炸至金黄色浮起,捞出即可食用。

## 十五、猪肉鸳鸯炸饺

【原料】面粉1500g,猪肉末750g,芽菜150g,豆沙馅料750g,植物油、香油、料酒、精盐、鸡精、胡椒粉、葱姜末各适量。

【制作】

1.猪肉末内加入植物油、料酒、香油、葱姜末、精盐、鸡精、胡椒粉、葱姜末、芽菜搅拌均匀成馅料备用。

2.将一半的面粉加入植物油搅拌均匀,揉成干油酥面;剩余面粉加入植物油、温水搅拌均匀,揉成水油面备用。

3.将干油酥面包入水油面内,擀成片,卷成筒,切成圆剂,撒上干面粉,擀成饺子皮,分别填入两种馅料,对折捏紧成月牙形饺子,再将两个饺子并排捏紧成鸳鸯饺生坯。

4.炒锅注油烧至五成热,下入饺子,用中火将饺子炸至金黄色浮起,捞出即可食用。

## 十六、猪肉橄榄炸饺

【原料】面粉1500g,猪肉末900g,虾仁450g,冬菇150g,橄榄仁300g,植物油、香油、酱油、白糖、精盐、淀粉各适量。

【制作】

1.将橄榄仁用清水略泡,去皮,下入热油锅内炸透,捞出控油晾凉,压成蓉;虾仁、冬菇洗净切成粒,同猪肉末一起下入热油锅内,加入香油、酱油、精盐、少许水炒熟,用湿淀粉勾芡成馅料备用。

2.将面粉加入橄榄蓉、白糖、精盐、适量开水搅拌均匀和好,搓成长条,切成圆剂,撒上干面粉,擀成饺子皮,包入适量馅料,对折捏紧成月牙形饺子生坯。

3.炒锅注油烧至五成热,下入饺子,用中火将饺子炸至金黄色浮起,捞出即可食用。

### 十七、猪肉蛋黄炸饺

【原料】澄面1200g,猪肉末900g,熟咸蛋黄750g,虾仁300g,冬菇150g,植物油、香油、精盐、葱姜末各适量。

【制作】

1.将虾仁、香菇分别洗净切碎,同猪肉末混合,加入香油、精盐、葱姜末搅拌均匀成馅料备用。

2.将澄面加入开水烫熟,蛋黄压碎,放入澄面团内和好,搓成长条,切成圆剂,撒上干面粉,擀成饺子皮,包入适量馅料,对折捏紧成月牙形饺子生坯。

3.炒锅注油烧至五成热,下入饺子,用中火将饺子炸至金黄色浮起,捞出即可食用。

### 十八、猪肉蛋饼炸饺

【原料】猪肉末900g,虾仁450g,鸡蛋15个,蛋清750g,面包片300g,火腿末75g,植物油、香油、酱油、料酒、精盐、花椒粉、淀粉、面粉、油菜叶、香菜叶、葱姜末各适量。

【制作】

1.将鸡蛋磕入碗内,加入淀粉打散,倒入热油锅内摊成薄饼,盛出后用茶杯扣成若干个小圆饼备用;油菜叶洗净,用开水烫一下,捞出过凉控水;香菜叶洗净;面包片切成小丁;蛋清抽打成泡沫状,加入淀粉、面粉、精盐搅拌均匀成蛋泡糊。

2.将虾仁剁成蓉,同猪肉末混合,加入酱油、料酒、精盐、花粉、香油、葱姜末搅拌均匀成馅料备用。

3.将蛋饼填入适量馅料,制成蛋饺,再取油菜叶,包入适量馅料,卷成卷备用。

4.炒锅注油烧至五成热,将蛋饺逐个蘸匀蛋泡糊,撒上火腿末、香菜叶,下入锅内炸熟透,捞出控油装入盘中间;再将菜卷逐个蘸匀蛋泡糊,滚匀面包丁,下入锅内炸至金黄色,捞出控油,码在蛋饺周围即可食用。

### 十九、猪肉豆腐腰饺

【原料】嫩豆腐1500g,猪瘦肉末600g,猪腰3个,鸡蛋6个,面包屑450g,生菜300g,植物油、香油、料酒、精盐、淀粉、胡椒粉、大料粉、孜然粉、葱姜末各适量。

【制作】

1.将猪腰从中间剖开,除净腰膜,撕去表面薄膜,洗净后切成圆形薄片,加入精盐、胡椒粉、料酒拌匀腌片刻。

2.将豆腐压成泥,挤干水分,同猪肉末混合,加入香油、葱姜末、精盐、胡椒粉、大料粉、孜然粉、料酒、鸡蛋黄,搅拌均匀成豆腐肉泥馅料;蛋清搅打成蛋清液备用。

3.将腰片填入适量馅料,对折成饺子形,用蛋清加少许淀粉封口,再滚上一层淀粉,蘸匀蛋清液,撒上面包屑,即成豆腐腰饺生坯。

4.炒锅注油烧至五成热,下入饺子,用中火将饺子炸至金黄色浮起,捞出即可食用。

### 二十、猪肉咖喱饺

【原料】面粉1500g,猪肉丁900g,冬笋450g,洋葱300g,鸡蛋清3个,植物油、咖喱粉、精盐、料酒、白糖、鸡精、水淀粉、鸡汤各适量。

【制作】

1.将洋葱、冬笋分别洗净切成粒;猪肉丁加水淀粉、鸡蛋清拌匀,下入六成热油锅内炒熟备用。

2.炒锅注油烧热,放入冬笋丁、洋葱丁、咖喱粉炒出香味,再放入肉丁,加入料酒、鸡精、精盐、白糖煸炒,添少许鸡汤,烧开后用水淀粉勾芡,制成馅料备用。

3.将一半的面粉加入植物油搅拌均匀,揉成干油酥面;剩余面粉加入植物油、温水搅拌均匀,揉成水油面。

4.将干油酥面包入水油面内,擀成片,卷成筒,切成圆剂,撒上干面粉,擀成饺子皮,包入适量馅料,对折捏紧成月牙形,再捏上花边,即成咖喱饺。

5.炒锅注油烧至五成热,下入饺子,用中火将饺子炸至金黄色浮起,捞出即可食用。

## 二十一、炸韭菜盒

【原料】面粉1500g,猪肉末1500g,韭菜750g,植物油、酱油、精盐、鸡精、姜末各适量。

【制作】

1.将韭菜择洗干净切成末,同猪肉末一起加入植物油、酱油、精盐、姜末、鸡精搅拌均匀成馅料备用。

2.将一半的面粉加入植物油搅拌均匀,揉成干油酥面;剩余面粉加入植物油、温水搅拌均匀,揉成水油面。

3.将干油酥面包入水油面内,擀成片,卷成筒,切成圆剂,撒上干面粉,擀成饺子皮,包入适量馅料,对折捏紧成月牙形,再将两头捏在一起制成韭菜盒生坯。

4.炒锅注油烧至五成热,下入韭菜盒,中火炸至金黄色浮起,捞出即可食用。

## 二十二、炸三鲜盒

【原料】面粉1500g,猪肉末900g,海参、虾仁各450g,植物油、香油、酱油、花椒粉、料酒、葱姜末各适量。

【制作】

1.将海参、虾仁洗净切成粒,同猪肉末混合,加入植物油、香油、酱油、花椒粉、精盐、葱姜末搅拌均匀成馅料备用。

2. 将面粉加入植物油、开水搅拌均匀和好,揉成长条,切成圆剂,擀成皮,包入适量馅料,对折捏紧成月牙形,再将两头捏在一起制成三鲜盒生坯。

3. 炒锅注油烧至五成热,下入三鲜盒,中火炸至金黄色浮起,捞出即可食用。

## 二十三、糯米芋头炸饺

【原料】糯米粉1500g,五花肉600g,海米、笋、冬菇、青菜各150g,芋头750g,植物油、香油、酱油、料酒、精盐、白糖、胡椒粉、水淀粉、高汤、芝麻各适量。

【制作】

1. 将五花肉切成小粒,加入水淀粉、精盐拌匀;青菜择洗干净切碎,海米切碎,冬菇、笋洗净切成小粒。

2. 炒锅注油烧热,下入肉粒略炒,放入青菜、海米、笋、冬菇翻炒,加入料酒、高汤、精盐、白糖、酱油、香油、胡椒粉烧开,用水淀粉勾芡,制成馅料备用。

3. 将芋头去皮洗净切块,上锅蒸熟,取出晾凉压成泥,加水、精盐、白糖、香油、糯米粉搅拌均匀和好,搓成长条,切成圆剂,蘸匀芝麻,擀成皮,包入适量馅料,对折捏紧成月牙形饺子生坯。

4. 炒锅注油烧至五成热,下入饺子,用中火将饺子炸至金黄色浮起,捞出即可食用。

## 二十四、牛肉米粉炸饺

【原料】米粉1500g,牛肉1200g,葱末450g,植物油、香油、酱油、精盐、姜末各适量。

【制作】

1. 将牛肉洗净去筋,切成小粒,加入葱姜末、香油、酱油、精盐搅拌均匀成馅料备用。

2. 将米粉加入适量开水搅拌均匀和好,盖上湿布饧30min,当面团饧好后,取出,搓成长条,切成圆剂,撒上干面粉,擀成饺子皮,包入适量馅料,对折捏紧成月牙形饺子生坯。

3.炒锅注油烧至五成热,下入饺子,用中火将饺子炸至金黄色浮起,捞出即可食用。

## 二十五、烤牛肉饺

【原料】面粉 1500g,椰肉 450g,牛腿肉 900g,洋葱 300g,鸡蛋 6个,黄油、红辣椒、蒜末、姜末、姜黄粉、橙汁、精盐各适量。

【制作】

1.将椰肉切末,洋葱去皮洗净切末,红辣椒去蒂、籽洗净切末,牛肉洗净剁成蓉。

2.炒锅加入黄油烧化,放入洋葱末炒至黄色,加入蒜末、姜末、辣椒末略炒,再放入牛肉末、精盐、姜黄粉、椰肉末、橙汁炒匀成馅料备用。

3.将面粉磕入鸡蛋、加入清水搅拌均匀和好,盖上湿布饧 30 min,当面团饧好后,取出,搓成长条,切成圆剂,撒上干面粉,擀成饺子皮,包入适量馅料,对折捏紧成月牙形饺子生坯,码入烤盘内,放入烤箱,烤至金黄色熟透,取出即可食用。

## 二十六、羊肉大葱炸饺

【原料】面粉 1500g,羊肉末 900g,葱末 750g,植物油、香油、黄酱、花椒水、明矾、姜汁各适量。

【制作】

1.将羊肉末加入花椒水、葱姜末、香油、黄酱、姜汁搅拌均匀成馅料备用。

2.将面粉加入适量明矾、开水搅拌均匀和好,盖上湿布饧 30min,当面团饧好后,取出,搓成长条,切成圆剂,撒上干面粉,擀成饺子皮,包入适量馅料,对折捏紧成月牙形饺子生坯。

3.炒锅注油烧至五成热,下入饺子,用中火将饺子炸至金黄色浮起,捞出即可食用。

### 二十七、鸡肉酥皮炸饺

【原料】面粉 1500g，鸡胸肉 1200g，冬笋 300g，植物油、料酒、蛋清、淀粉、胡椒粉、精盐、葱姜末各适量。

【制作】

1. 将冬笋洗净切小片；鸡胸肉切成小片。加精盐、料酒拌匀腌入味，再加蛋清、淀粉拌匀，下入热油锅内炒熟，加入冬笋片、葱末、胡椒粉、精盐搅拌均匀成馅料备用。

2. 将一半的面粉加入植物油搅拌均匀，揉成干油酥面；剩余面粉加入植物油、温水搅拌均匀，揉成水油面。

3. 将干油酥面包入水油面内，擀成片，卷成筒，切成圆剂，撒上干面粉，擀成饺子皮，包入适量馅料，对折捏紧成月牙形，即成酥皮饺生坯。

4. 炒锅注油烧至五成热，下入饺子，用中火将饺子炸至金黄色浮起，捞出即可食用。

### 二十八、鸡肉咖喱炸饺

【原料】面粉 1500g，鸡胸肉 900g，洋葱 450g，冬笋 150g，植物油、香油、料酒、精盐、白糖、淀粉、咖喱粉、鸡汤、鸡蛋清各适量。

【制作】

1. 将洋葱去皮洗净切碎末；冬笋洗净切粒；鸡胸肉切小粒，加入蛋清、淀粉拌匀。

2. 炒锅注油烧热，下入鸡肉粒炒散，加入咖喱粉、料酒、洋葱粒炒香，放入洋葱末、冬笋末、咖喱粉、料酒、香油、精盐、白糖、鸡汤烧开，用湿淀粉勾芡，制成馅料备用。

3. 将一半的面粉加入植物油搅拌均匀，揉成干油酥面；剩余面粉加入植物油、温水搅拌均匀，揉成水油面。

4. 将干油酥面包入水油面内，擀成片，卷成筒，切成圆剂，撒上干面粉，擀成饺子皮，包入适量馅料，对折捏紧成月牙形，即成鸡肉咖喱饺生坯。

5.炒锅注油烧至五成热,下入饺子,用中火将饺子炸至金黄色浮起,捞出即可食用。

## 二十九、鸡肉咖喱芝香炸饺

【原料】面粉1500g,鸡胸肉1200g,洋葱3个、鸡蛋3个,面包片150g,植物油、黄油、芝士片、咖喱粉、胡椒粉、精盐、淀粉各适量。

【制作】

1.将鸡胸肉切小丁,加入精盐、胡椒粉、淀粉、植物油拌匀腌片刻;芝士片切小粒,洋葱去皮洗净切小粒,面包片搓成碎屑,鸡蛋磕入碗内打散。

2.炒锅放入黄油烧化,下入洋葱粒炒香,再放入鸡丁炒变色,加入咖喱粉、胡椒粉、精盐、芝士粒,炒至芝士融化后盛出,晾凉成馅料备用。

3.将一半的面粉加入植物油搅拌均匀,揉成干油酥面;剩余面粉加入植物油、温水搅拌均匀,揉成水油面。

4.将干油酥面包入水油面内,擀成片,卷成筒,切成圆剂,擀成皮,包入适量馅料,对折捏紧成月牙形,即成酥皮饺生坯。

5.炒锅注油烧至五成热,将饺子蘸匀蛋液,滚上面包屑,下入锅内,炸至金黄色浮起,捞出即可食用。

## 三十、蜜汁鸡丁吐司炸饺

【原料】鸡腿肉900g,白土司750g,鸡蛋3个,熟腰果、面粉、白糖、酱油、白酒各适量。

【制作】

1.炒锅烧热,放入白糖、酱油、白酒炒至白糖融化,制成蜜汁;在鸡腿肉上划几刀,下入热油锅内,煎至两面金黄色,加入蜜汁烧至汁将干,盛出晾凉,切成小丁备用;腰果压碎,放入鸡肉丁内搅拌均匀,制成馅料备用;面粉加入鸡蛋液、水调匀成面糊。

2.将吐司修剪成圆形,擀薄,包入适量馅料,四周抹上面糊,对折捏成吐司饺子生坯。

3. 炒锅注油烧至五成热,下入饺子,用中火将饺子炸至金黄色浮起,捞出即可食用。

## 三十一、酥皮鸭肉炸饺

【原料】面粉 1500g,熟鸭肉 600g,猪肉末 300g,虾仁、冬菇各 150g,鸡蛋 9 个,植物油、香油、酱油、料酒、精盐、白糖、胡椒粉、葱姜末各适量。

【制作】

1. 将冬菇洗净切小粒,虾仁、鸭肉均切成小粒,同猪肉末混合,加入植物油、香油、酱油、精盐、料酒、胡椒粉、白糖、葱姜末搅拌均匀成馅料备用。

2. 面粉内加入精盐、鸡蛋、温水搅拌均匀和好,盖上湿布饧 30min,当面团饧好后,取出,搓成长条,切成圆剂,撒上干面粉,擀成饺子皮,包入适量馅料,对折捏紧成月牙形饺子生坯。

3. 炒锅注油烧至五成热,下入饺子,用中火将饺子炸至金黄色浮起,捞出即可食用。

## 三十二、脆皮烤鸭炸饺

【原料】面粉 1500g,烤鸭肉 600g,虾仁、猪肉末各 300g,冬菇 150g,植物油、香油、酱油、料酒、精盐、白糖、胡椒粉、脆炸粉、葱姜末各适量。

【制作】

1. 将冬菇洗净切小粒,虾仁、烤鸭肉均切成小粒,同猪肉末混合,加入植物油、香油、酱油、精盐、料酒、胡椒粉、白糖、葱姜末搅拌均匀成馅料备用;脆炸粉加水调匀成脆炸糊。

2. 将面粉加入开水搅拌均匀和好,盖上湿布饧 30min,当面团饧好后,取出,搓成长条,切成圆剂,撒上干面粉,擀成饺子皮,包入适量馅料,对折捏紧成月牙形饺子生坯。

3. 炒锅注油烧至五成热,将饺子蘸匀调好的脆炸糊,下入锅内,中火炸至金黄色浮起,捞出即可食用。

### 三十三、樟茶鸭粒烤饺

【原料】面粉 1500g, 樟茶鸭肉 750g, 鸡蛋 300g, 虾仁、猪肉末各 300g, 冬菇 150g, 植物油、香油、白糖、胡椒粉、葱姜末各适量。

【制作】

1. 将樟茶鸭肉切成小粒, 下入热油锅内, 加入葱末炒香盛出, 加入胡椒粉、香油拌匀成馅料备用。

2. 将一半的面粉加入植物油搅拌均匀, 揉成干油酥面; 剩余面粉加入植物油、温水、鸡蛋液搅拌均匀, 揉成水油面。

3. 将干油酥面包入水油面内, 擀成片, 卷成筒, 切成圆剂, 撒上干面粉, 擀成饺子皮, 包入适量馅料, 对折捏紧成月牙形饺子生坯。

4. 将饺子码入抹油的烤盘, 放入烤箱内, 用中火烤至金黄色熟透即可食用。

### 三十四、狗肉炸饺

【原料】面粉 1500g, 狗肉 1200g, 榨菜 300g, 鸡蛋 6 个, 植物油、香油、酱油、精盐、白糖、料酒、鸡精、胡椒粉、水淀粉、葱姜末各适量。

【制作】

1. 将狗肉剁成末, 榨菜切末, 鸡蛋磕入碗内打散。

2. 炒锅注油烧热, 下入狗肉末、葱姜末煸炒, 加入料酒、酱油、精盐、白糖、胡椒粉、榨菜翻炒, 再用水淀粉勾芡, 淋入香油, 盛出晾凉即成馅料。

3. 将一半的面粉加入植物油搅拌均匀, 揉成干油酥面; 剩余面粉加入植物油、温水搅拌均匀, 揉成水油面。

4. 将干油酥面包入水油面内, 擀成片, 卷成筒, 切成圆剂, 撒上干面粉, 擀成饺子皮, 包入适量馅料, 对折捏紧成月牙形狗肉饺生坯。

5. 炒锅注油烧至五成热, 将饺子蘸匀鸡蛋液, 下入锅内, 中火炸至金黄色浮起, 捞出即可食用。

### 三十五、鲜鱼炸饺

【原料】馄饨皮 1500g,鲜鱼肉 1200g,香菇 300g,植物油、香油、酱油、精盐、白糖、料酒、胡椒粉、淀粉、葱姜末各适量。

【制作】

1. 将香菇洗净切成粒,鱼肉剁成蓉,一起加入植物油、香油、料酒、酱油、精盐、白糖、胡椒粉、淀粉、葱姜末搅拌均匀成馅料备用。

2. 将馄饨皮填入适量馅料,对折捏紧成饺子生坯。

3. 炒锅注油烧至五成热,下入饺子,用中火将饺子炸至金黄色浮起,捞出即可食用。

### 三十六、辣味鱼肉炸饺

【原料】面粉 1500g,鲜鱼肉 1500g,番茄 600g,洋葱 450g,鸡蛋 6 个,植物油、香油、料酒、精盐、胡椒粉、辣椒粉、葱姜末各适量。

【制作】

1. 将葱头去皮洗净切成末,番茄洗净切丁,鱼肉切小丁。

2. 炒锅注油烧热,下入洋葱末炒至黄色,放入鱼肉丁、番茄丁炒至水分将干,加入精盐、辣椒粉、胡椒粉、料酒炒匀,淋入香油,盛出晾凉,即成馅料。

3. 将面粉加入精盐、鸡蛋液、温水搅拌均匀和好,搓成长条,切成圆剂,撒上干面粉,擀成饺子皮,包入适量馅料,对折捏紧成月牙形饺子生坯。

4. 炒锅注油烧至五成热,下入饺子,用中火将饺子炸至金黄色浮起,捞出即可食用。

### 三十七、八宝鱼炸饺

【原料】青鱼肉 1500g,熟鸡肉 900g,草菇、火腿、蘑菇各 150g,虾米、水发干贝、芹菜、冬笋各 75g,鸡蛋 6 个,植物油、料酒、淀粉、精盐、面包屑、葱姜末各适量。

【制作】

1. 将熟鸡肉、草菇、蘑菇、火腿、干贝、冬笋、虾米、芹菜均切碎粒。

2. 炒锅注油烧热,下入熟鸡肉丁、草菇丁、蘑菇丁、火腿丁、干贝丁、冬笋丁、虾米丁、芹菜丁翻炒,加入精盐、葱姜末炒匀,制成八宝馅料备用。

3. 将青鱼肉切成薄片,加入精盐、料酒、葱姜末、鸡蛋黄拌匀略腌,拍上干淀粉,擀成均匀薄片,抹上蛋黄液,包入适量八宝馅料,捏成月牙形饺子生坯。

4. 炒锅注油烧至五成热,将饺子蘸匀蛋黄液,滚上面包屑,下入锅内,炸至金黄色浮起,捞出即可食用。

## 三十八、什锦海鲜炸饺

【原料】面粉 1500g,鲜鱼肉 900g,蛤蜊肉、虾仁各 300g,猪肉末 150g,植物油、香油、精盐、料酒、胡椒粉、葱姜末各适量。

【制作】

1. 将蛤蜊肉洗净剁碎,鱼肉、虾仁均切小粒,同猪肉末混合,加入葱姜末、植物油、香油、胡椒粉、料酒、精盐搅拌均匀成馅料备用。

2. 将面粉加温水搅拌均匀和好,盖上湿布饧 30min,当面团饧好后,取出,搓成长条,切成圆剂,撒上干面粉,擀成饺子皮,包入适量馅料,对折捏紧成月牙形饺子生坯。

3. 炒锅注油烧至五成热,下入饺子,用中火将饺子炸至金黄色浮起,捞出即可食用。

## 三十九、虾粒玉米炸饺

【原料】面粉 1500g,虾仁 1200g,嫩玉米粒 450g,猪肉末 150g,植物油、香油、精盐、淀粉、料酒、姜末各适量。

【制作】

1. 将虾仁切碎粒,同玉米粒、猪肉末一起混合,加入植物油、香油、精盐、料酒、淀粉、姜末拌匀成馅料备用。

2. 将面粉加温水搅拌均匀和好,盖上湿布饧 30min,当面团饧好后,取出,搓成长条,切成圆剂,撒上干面粉,擀成饺子皮,包入适量馅料,对折捏紧成月牙形饺子生坯。

3.炒锅注油烧至五成热,下入饺子,用中火将饺子炸至金黄色浮起,捞出即可食用。

### 四十、鲜虾酥皮炸饺

【原料】面粉1500g,大鲜虾900g,叉烧肉150g,猪肉末、香菇各300g,植物油、香油、精盐、水淀粉、料酒、胡椒粉、葱姜末各适量。

【制作】

1.将鲜虾去头、壳、泥肠留尾,洗净控干水分,在虾腹上划一刀,加入葱姜末、料酒、精盐拌匀腌片刻;香菇洗净切小粒,叉烧肉切末,同猪肉末一起下入热油锅内,加入精盐、胡椒粉煸炒,用水淀粉勾芡,盛出晾凉成馅料备用。

2.将一半的面粉加入植物油搅拌均匀,揉成干油酥面;剩余面粉加入植物油、温水搅拌均匀,揉成水油面。

3.将干油酥面包入水油面内,擀成片,卷成筒,切成圆剂,擀成皮,包入适量馅料,放入1只大虾,虾尾露在皮外,对折捏紧成饺子生坯。

4.炒锅注油烧至五成热,下入饺子,用中火将饺子炸至金黄色浮起,捞出即可食用。

### 四十一、海鲜色拉炸饺

【原料】面粉1500g,虾仁900g,猪肉末450g,五花肉、土豆、胡萝卜各150g,植物油、香油、精盐、胡椒粉、淀粉、白糖、色拉酱各适量。

【制作】

1.将虾仁洗净切成粒,五花肉切小丁,土豆去皮洗净切小丁,胡萝卜洗净切丁,同猪肉末一起加入精盐、淀粉、白糖、胡椒粉、香油搅拌均匀成馅料备用。

2.将一半的面粉加入植物油搅拌均匀,揉成干油酥面;剩余面粉加入植物油、温水搅拌均匀,揉成水油面。

3.将干油酥面包入水油面内,擀成片,卷成筒,切成圆剂,撒上干面粉,擀成饺子皮,包入适量馅料,对折捏紧成饺子生坯。

4.炒锅注油烧至五成热,下入饺子,用中火将饺子炸至金黄色浮起,捞出即可食用。

## 四十二、虾仁豆芽酥皮炸饺

【原料】面粉1500g,虾仁600g,绿豆芽750g,葱末300g,火腿末150g,植物油、精盐、花椒粉、姜末各适量。

【制作】

1.将虾仁洗净切成粒;绿豆芽去须洗净,下入开水锅内焯一下,捞出挤干水分剁碎,同虾仁粒、葱末一起加入植物油、精盐、花椒粉、姜末搅拌均匀成馅料备用。

2.将一半的面粉加入植物油搅拌均匀,揉成干油酥面;剩余面粉加入植物油、温水搅拌均匀,揉成水油面。

3.将干油酥面包入水油面内,擀成片,卷成筒,切成圆剂,擀成皮,包入适量馅料,对折捏紧成饺子生坯。

4.炒锅注油烧至五成热,下入饺子,用中火将饺子炸至金黄色浮起,捞出即可食用。

## 四十三、素馅炸饺

【原料】面粉2250g,小白菜2250g,五香豆腐干300g,香菇150g,虾皮75g,植物油、香油、酱油、精盐、白糖、花椒粉、葱姜末各适量。

【制作】

1.将小白菜择洗干净,下入开水锅内焯一下,捞出挤去水分剁碎;豆腐干、香菇均切成粒,同白菜末混合,加入植物油、香油、酱油、精盐、白糖、花椒粉、葱姜末搅拌均匀成馅料备用。

2.将面粉加开水搅拌均匀和好,盖上湿布饧30min,当面团饧好后,取出,搓成长条,切成圆剂,撒上干面粉,擀成饺子皮,包入适量馅料,对折捏紧成月牙形饺子生坯。

3.炒锅注油烧至五成热,下入饺子,用中火将饺子炸至金黄色浮起,捞出即可食用。

### 四十四、椰味毛豆炸饺

【原料】面粉1500g,毛豆1500g,鸡蛋6个,植物油、椰粉、白糖各适量。

【制作】

1.将毛豆仁洗净,下入开水锅内焯一下,捞出控水;椰粉加入鸡蛋液调匀,放入毛豆仁、白糖搅拌均匀成馅料备用。

2.将面粉加开水搅拌均匀和好,盖上湿布饧30 min,当面团饧好后,取出,搓成长条,切成圆剂,撒上干面粉,擀成饺子皮,包入适量馅料,对折捏紧成月牙形饺子生坯。

3.炒锅注油烧至五成热,下入饺子,用中火将饺子炸至金黄色浮起,捞出即可食用。

### 四十五、芋头炸饺

【原料】面粉1500g,芋头1500g,葱末450g,植物油、精盐、花椒粉各适量。

【制作】

1.将芋头洗净,上锅蒸熟,去皮切成小丁,撒上葱末,淋入适量热油,加入精盐、花椒粉搅拌均匀成馅料备用。

2.将面粉加开水搅拌均匀和好,盖上湿布饧30 min,当面团饧好后,取出,搓成长条,切成圆剂,撒上干面粉,擀成饺子皮,包入适量馅料,对折捏紧成月牙形饺子生坯。

3.炒锅注油烧至五成热,下入饺子,用中火将饺子炸至金黄色浮起,捞出即可食用。

### 四十六、白糖炸饺

【原料】糯米粉1500g,白糖600g,糖桂花150g,植物油、面粉各适量。

【制作】

1.将白糖、糖桂花、少许水及少许面粉搅拌均匀成馅料备用。

2.将糯米粉加适量开水烫至八成熟,搅拌均匀和好,盖湿布饧 30 min,当面团饧好后,取出,搓成长条,切成圆剂,撒上干面粉,擀成饺子皮,包入适量馅料,对折捏紧成月牙形饺子生坯。

3.炒锅注油烧至五成热,下入饺子,用中火将饺子炸至金黄色浮起,捞出即可食用。

### 四十七、烫面豆沙炸饺

【原料】面粉 1500g,豆沙馅 1500g,植物油适量。

【制作】

1.将面粉加入开水、油搅拌均匀和好,搓成长条,切成圆剂,撒上干面粉,擀成饺子皮,包入适量豆沙馅,对折捏紧成月牙形饺子生坯。

2.炒锅注油烧至五成热,下入饺子,用中火将饺子炸至金黄色浮起,捞出即可食用。

### 四十八、糯米豆沙炸饺

【原料】糯米粉 1500g,豆沙馅 1500g,白糖 300g,植物油适量。

【制作】

1.将糯米粉加入白糖、水、油搅拌均匀和好,搓成长条,切成圆剂,撒上干面粉,擀成饺子皮,包入适量豆沙馅,对折捏紧成月牙形饺子生坯。

2.炒锅注油烧至五成热,下入饺子,用中火将饺子炸至金黄色浮起,捞出即可食用。

### 四十九、芋面豆沙炸饺

【原料】面粉 1500g,芋头 900g,豆沙馅 1500g,植物油、白糖、淀粉各适量。

【制作】

1.将芋头洗净,上锅蒸熟,去皮压成泥状;面粉加入开水、白糖、油揉匀,放入芋头泥和好,搓成长条,切成圆剂,撒上干面粉,擀成饺子皮,包入适量豆沙馅对折捏紧成月牙形饺子生坯。

2.炒锅注油烧至五成热,下入饺子,用中火将饺子炸至金黄色浮起,捞出即可食用。

### 五十、果脯炸饺

【原料】面粉1500g,白糖750g,桂花酱、青梅、瓜条、葡萄干各150g,植物油适量。

【制作】

1.将青梅、瓜条剁碎,同葡萄干一起加入白糖、桂花酱搅拌均匀成馅料备用。

2.将一半的面粉加入植物油搅拌均匀,揉成干油酥面;剩余面粉加入植物油、温水搅拌均匀,揉成水油面。

3.将干油酥面包入水油面内,擀成片,卷成筒,切成圆剂,撒上干面粉,擀成饺子皮,包入适量馅料,对折捏紧成饺子生坯。

4.炒锅注油烧至五成热,下入饺子,用中火将饺子炸至金黄色浮起,捞出即可食用。

### 五十一、薄荷炸饺

【原料】面粉900g,玫瑰、核桃仁、青红丝各150g,植物油、薄荷粉、白糖各适量。

【制作】

1.将玫瑰、核桃仁、青红丝剁碎;薄荷粉加少许水调匀,放入玫瑰、核桃仁、青红丝、白糖搅拌均匀成馅料备用。

2.将面粉加开水搅拌均匀和好,盖上湿布饧30min,当面团饧好后,取出,搓成长条,切成圆剂,撒上干面粉,擀成饺子皮,包入适量馅料,对折捏紧成月牙形饺子生坯。

3.炒锅注油烧至五成热,下入饺子,用中火将饺子炸至金黄色浮起,捞出即可食用。

### 五十二、枣泥"白兔"炸饺

【原料】澄面1500g,山药750g,枣泥1500g,植物油适量。

【制作】

1. 将山药洗净去皮,上锅蒸熟,取出压成泥,加入澄面、开水搅拌均匀和好,搓成长条,切成圆剂,撒上干面粉,擀成饺子皮,包入适量枣泥馅,捏成白兔形饺子生坯。

2. 炒锅注油烧至五成热,下入饺子,用中火将饺子炸至金黄色浮起,捞出即可食用。

### 五十三、藿香炸饺

【原料】藿香叶900g,豆沙900g,金桔饼75g,植物油、桂花、蛋清、脆炸粉各适量。

【制作】

1. 将脆炸粉加蛋清调匀成脆炸糊;金桔饼切成末,同豆沙、桂花搅拌均匀成馅料备用。

2. 将藿香叶洗净,逐片填入适量馅料卷起。

3. 炒锅注油烧至五成热,将藿香饺蘸匀脆炸糊,下入锅内,炸熟捞出即可食用。

### 五十四、三色酥饺

【原料】面粉900g,枣泥900g,植物油、红绿黄食用色素各适量。

【制作】

1. 将面粉分为三等份,分别加入黄、红、绿色素及开水搅拌均匀和好,搓成长条,切成圆剂,撒上干面粉,擀成饺子皮,包入适量枣泥馅,捏成月牙形,各取一色饺子,将边捏紧,即成三色饺子生坯。

2. 炒锅注油烧至五成热,下入三色饺子,炸至熟透,捞出即可食用。

### 五十五、鸳鸯炸饺

【原料】面粉400g,莲蓉馅750g,熟芝麻150g,熟面粉75g,白糖、香油、花椒粉、精盐、食用红色素各适量。

【制作】

1.将熟面粉、白糖、芝麻、香油、精盐、花椒粉搅拌均匀成馅料备用。

2.将一半的面粉加入植物油搅拌均匀,揉成干油酥面,分成两等份;剩余面粉加入植物油、温水搅拌均匀,揉成水油面,分成两等份,其中一块加少量红色素揉匀成粉红色。

3.将两等份干油酥面分别包入两等份水油面内揉匀,擀成片,卷成筒,切成圆剂,擀成皮,包入适量馅料,对折捏紧成红、白饺子生坯。

4.炒锅注油烧至五成热,下入饺子,用中火将饺子炸至金黄色浮起,捞出即可食用。

### 五十六、干酪炸饺

【原料】面粉1500g,干奶酪900g,鸡蛋600g,植物油、黄油、精盐各适量。

【制作】

1.将干奶酪切成小丁备用。

2.将面粉、精盐、黄油、鸡蛋液、水搅拌均匀和好,盖上湿布饧30min,搓成长条,切成圆剂,撒上干面粉,擀成饺子皮,包入干奶酪丁,对折捏紧成月牙形奶酪饺子生坯。

3.炒锅注油烧至五成热,下入饺子,用中火将饺子炸至金黄色浮起,捞出即可食用。

# 第十章　其他饺子加工实例

## 一、韩国饺子(1)

【原料】面粉2250g,牛肉末900g,香菇150g,南瓜600g,绿豆芽900g,松子150g,植物油、香油、精盐、酱油、醋、白糖、胡椒粉、葱姜末各适量。

【制作】

1. 将香菇洗净切成细丝,同牛肉末一起下入热油锅内,加入酱油、白糖、葱姜末、胡椒粉翻炒,盛出晾凉;将绿豆芽洗净,南瓜去皮、瓤洗净切成细丝,一同加入精盐拌匀腌片刻,挤去水分,下入热油锅内炒片刻,盛出放入牛肉馅料内,加入精盐、香油搅拌均匀即制成馅料,备用;酱油、醋调匀成味汁。

2. 将面粉加入精盐、水搅拌均匀和好,盖上湿布饧30min。当面团饧好后,取出,搓成长方形条,切成方剂,撒上干面粉,擀成正方形饺子皮,包入适量馅料,放入几粒松子,对折捏紧成四角形饺子,并在四个角上留出孔。

3. 将饺子上锅蒸熟,取出抹上香油,蘸味汁即可食用。

## 二、韩国饺子(2)

【原料】面粉1500g,牛肉900g,香菇150g,黄瓜6根,松子150g,地锦叶60张,植物油、香油、精盐、酱油、胡椒粉、芝麻、葱蒜末各适量。

【制作】

1. 将香菇洗净切成细丝,牛肉切成细丝,一同下入热油锅内,加入酱油、葱蒜末、胡椒粉略炒,盛出备用。

2. 将黄瓜洗净切成丝,加入精盐腌片刻,下入热油锅内稍炒盛出;松子压成碎粒。

3.将牛肉、香菇、黄瓜、松子拌匀成馅料备用。

4.将面粉内加入精盐、水搅拌均匀和好,盖上湿布饧 30 min。当面团饧好后,取出,搓成长条,切成圆剂子,撒上干面粉,擀成饺子皮,包入适量馅料捏成海参形,再把两角捏成三角形,即成饺子生坯。

5.将蒸锅垫上地锦叶,码入饺子,蒸熟即可,食时佐以醋、酱油。

### 三、意大利饺子(1)

【原料】面粉1500g,烤鸡胸肉1500g,鸡蛋6个,橄榄油、精盐、芝士、黑胡椒粉、香草、洋葱各适量。

【制作】

1.将烤鸡胸肉切粒,洋葱洗净切碎末,一同加入橄榄油、芝士、黑胡椒粉、香草、精盐拌匀成馅料备用。

2.将面粉内加入鸡蛋液、水拌匀和好,盖上湿布饧 30 min;当面团饧好后,取出,擀成长方形的大薄片,切成若干一样宽的长条,依次等距离地放入馅料,盖上一片长条面片,再在两团馅之间用手指按压,沿着按下去的部位切开,捏紧四边,即成若干方形饺子生坯。

3.锅内添水烧开,下入饺子搅动,防止粘锅,待水烧开后淋入少许清水,煮至饺子浮起熟透,捞出盛入盘中即可食用。

### 四、意大利饺子(2)

【原料】面粉1500g,鸡肉肠1500g,红萝卜600 g,鸡蛋6个,橄榄油、精盐、芝士、香草、洋葱、胡椒粉各适量。

【制作】

1.将鸡肉肠切碎粒,红萝卜洗净切细丝,洋葱洗净切碎末,一同加入橄榄油、芝士、黑胡椒粉、香草、精盐拌匀成馅料备用。

2.将面粉加入鸡蛋液、水拌匀和好,盖上湿布饧 30 min。当面团饧好后,取出,擀成长方形的大薄片,切成若干一样宽的长条,依次等距离地放入馅料,盖上一片长条面片,再在两团馅之间用手指按压,沿着按下去的部位切开,用叉子压紧四边,压出花形,即成若干方形饺子生坯。

3.平锅注油烧热,码入饺子,煎至两面金黄熟透即可食用。

## 五、法式清汤咖喱饺

【原料】面粉 1500g,猪肉末 1500g,洋葱末 300g,鸡蛋 6 个,黄油、精盐、胡椒粉、咖喱粉、鸡清汤各适量。

【制作】

1.炒锅放入黄油烧化,下入洋葱末、猪肉末煸炒,加入咖喱粉、精盐、胡椒粉炒匀,制成馅料备用。

2.将面粉内加入鸡蛋、水、精盐搅拌均匀和好,搓成长条,切成圆剂,撒上干面粉,擀成饺子皮,包入馅料,对折捏紧成月牙形,再捏上花边即成咖喱饺生坯。

3.炒锅注油烧至五成热,下入饺子,用中火将饺子炸至金黄色浮起,捞出。

4.将鸡清汤烧热,放入咖喱饺略煮即可享用。

## 六、大饭饺子烧

【原料】饺子皮若干,猪肉末 1500g,高丽菜末 150g,鸡蛋清 3 个,柴鱼片、海苔丝、奶油、乌醋、美乃滋各适量。

【制作】

1.将猪肉末、高丽菜末一起搅拌均匀成馅料备用;蛋清打散。

2.将饺子皮填入适量馅料,捏紧成椭圆球体,码放在抹有奶油的烤盘上。

3.将饺子刷上蛋清液,放入 200℃烤箱,烤至饺子外皮呈金黄色取出。

4.将饺子抹上陈醋、蛋黄酱,撒上柴鱼片、海苔丝即可享用。

### 七、日式芝士饺

【原料】日式饺子 900g,洋葱 3 个,火腿 150g,植物油、芝士片、牛油、鲜汤各适量。

【制作】

1.将洋葱洗净,同火腿、芝士片切成碎粒备用。

2.炒锅注油烧热,下入饺子炸至金黄熟透,捞出控油,装入盘内。

3.炒锅加少许牛油烧热,下入火腿、洋葱、芝士,翻炒至芝士融化,放入鲜汤烧开,再放入饺子翻匀即可食用。

### 八、墨西哥酥皮饺

【原料】面粉 900g,猪肉末 900g,鸡蛋 3 个,番茄 3 个,牛奶 750g,植物油、橄榄、腰果、葱姜末各适量。

【制作】

1.将番茄洗净切碎末,橄榄切碎,腰果压碎。

2.炒锅注油烧热,下入肉末、葱姜末、精盐略炒,放入番茄末、橄榄、腰果炒匀成馅料,盛出备用。

3.将面粉加入植物油拌匀,再加入牛奶、一半的鸡蛋液和好,盖上湿布饧 30min,当面团饧好后,取出,搓成长条,切成圆剂子,擀成饺子皮,填入适量馅料,用叉子将边压紧压出花形,即成饺子生坯。

4.将饺子生坯刷上鸡蛋液,放入烤箱,烤至黄金熟透即可食用。

### 九、墨西哥水饺片

【原料】饺子皮若干,番茄丁、洋葱丁各 300g,植物油、葱末、香菜末、辣椒粉、白醋、白糖各适量。

【制作】

1.将饺子皮用波浪刀全部切成半圆形备用。

2.炒锅加油烧至六成热,下入切好的饺子皮,炸至金黄色,捞出控油装盘,撒上番茄丁、洋葱丁、香菜末、葱末、辣椒粉、白糖拌匀,淋入白醋即可食用。

## 十、红饺子(1)

【原料】面粉1500g,猪肉末900g,虾仁300g,紫菜头1500g,韭菜750g,鸡蛋6个,植物油、香油、精盐、味精、料酒、酱油、蟹肉末、海参末、姜末各适量。

【制作】

1. 将紫菜头洗净切大块,下入开水锅内烧开,将水晾凉备用。

2. 将虾仁剁成蓉,韭菜择洗干净切成末;鸡蛋磕入碗内加精盐打散,下入热油锅内炒熟铲碎。

3. 将猪肉末、韭菜、鸡蛋碎末、虾仁蓉混合,加入植物油、香油、姜末、精盐、味精、酱油、料酒、蟹肉、海参搅拌均匀成馅料备用。

4. 将面粉用焯紫菜头的水搅拌均匀和好,放入盆内,盖上湿布饧30 min,当面团饧好后,取出,搓成长条,切成圆剂,撒上干面粉,擀成饺子皮,包入适量馅料,对折捏紧成饺子。

5. 锅内添水烧开,下入饺子搅动,以防粘锅,待水烧开后淋入少许清水,煮至饺子浮起熟透,捞出盛入盘内即可食用。

## 十一、红饺子(2)

【原料】面粉1500g,牛肉末900g,番茄1500g,植物油、料酒、精盐、味精、鸡汤、葱姜末各适量。

【制作】

1. 将番茄洗净,用开水烫一下,去皮后用榨汁机榨出汁,碎屑留用。

2. 将牛肉末、葱姜末加鸡汤拌匀成糊状,加入植物油、料酒、精盐、味精、番茄碎屑拌匀成馅备用。

3. 将面粉加入番茄汁、温水拌匀和好,放入盆内,盖上湿布饧30 min,当面团饧好后,取出,搓成长条,切成圆剂,撒上干面粉,擀成饺子皮,包入适量馅料,对折捏紧成饺子。

4. 锅内添水烧开,下入饺子搅动,以防粘锅,待水烧开后淋入少许清水,煮至饺子浮起熟透,捞出盛入盘内即可食用。

## 十二、黄饺子

【原料】面粉1500g,白煮熟猪肉900g,酸菜900g,海米150g,植物油、香油、料酒、精盐、味精、柠檬汁、葱姜末各适量。

【制作】

1.将酸菜洗净剁碎,海米用温水泡软切碎,猪肉切成碎粒,一同混合,加入植物油、香油、料酒、精盐、味精、葱姜末搅拌均匀成馅料备用。

2.将面粉加入柠檬汁拌匀和好,放入盆内,盖上湿布饧30 min,当面团饧好后,取出,搓成长条,切成圆剂,撒上干面粉,擀成饺子皮,包入适量馅料,对折捏紧成饺子。

3.锅内添水烧开,下入饺子搅动,以防粘锅,待水烧开后淋入少许清水,煮至饺子浮起熟透,捞出盛入盘内即可食用。

## 十三、黑饺子

【原料】面粉1500g,鲅鱼肉、猪瘦肉末各750g,香菇450g,植物油、香油、生抽、精盐、味精、料酒、葱姜末各适量。

【制作】

1.将鲅鱼肉剁成蓉;香菇洗净,用热水泡至水的颜色变深,捞出切成碎粒,水晾凉留用。

2.将香菇粒、猪肉末、鲅鱼蓉混合,加入植物油、香油、料酒、精盐、味精、葱姜末搅拌均匀成馅料备用。

3.面粉内加入泡香菇的水、少许生油拌匀和好,放入盆内,盖上湿布饧30min,当面团饧好后,取出,搓成长条,切成圆剂,撒上干面粉,擀成饺子皮,包入适量馅料,对折捏紧成饺子。

4.锅内添水烧开,下入饺子搅动,以防粘锅,待水烧开后淋入少许清水,煮至饺子浮起熟透,捞出盛入盘内即可食用。

### 十四、绿饺子

【原料】面粉1500g,鸡蛋9个,虾仁、菠菜各1500g,植物油、料酒、精盐、味精、葱姜末各适量。

【制作】

1.将菠菜择洗干净切段,用榨汁机榨出汁,碎屑留用;鸡蛋磕入碗内,加入精盐打散,下入热油锅内炒熟铲碎。

2.将虾仁洗净,挑去泥肠,剁成蓉,加入植物油、料酒、鸡蛋、葱姜末、精盐、味精、菠菜碎屑搅均匀成馅料备用。

3.将面粉加入菠菜汁、温水拌匀和好,放入盆内,盖上湿布饧30min,当面团饧好后,取出,搓成长条,切成圆剂,撒上干面粉,擀成饺子皮,包入适量馅料,对折捏紧成饺子。

4.锅内添水烧开,下入饺子搅动,以防粘锅,待水烧开后淋入少许清水,煮至饺子浮起熟透,捞出盛入盘内即可食用。

### 十五、玉米面虾皮韭菜饺

【原料】玉米面粉1500g,虾皮600g,韭菜900g,植物油、香油、鸡精、精盐、花椒粉、甜面酱、姜末各适量。

【制作】

1.将韭菜择洗干净切成末,挤去水分;虾皮洗净挤去水分,同韭菜一起加入植物油、香油、精盐、鸡精、花椒粉、甜面酱、姜末拌匀成馅料备用。

2.将玉米面用温水拌匀和好,放入盆内,盖上湿布饧30min,当面团饧好后,取出,搓成长条,切成圆剂,撒上干面粉,擀成饺子皮,包入适量馅料,对折捏紧成饺子。

3.将饺子上蒸锅蒸熟即可食用。

### 十六、荷兰豆炒鱼皮饺

【原料】荷兰豆200g,鱼皮1500g,洋葱末300g,鸡蛋6个,黄油、精盐、胡椒粉、咖喱粉、鸡清汤各适量。

【制作】

1.将荷兰豆择洗干净,冬笋洗净切片,香菇洗净切片。

2.炒锅注油烧热,下入荷兰豆略炒,盛出备用。

3.炒锅注油烧热,下入葱蒜末炝锅,放入蘑菇、冬笋、鱼皮饺煸炒片刻,再放入荷兰豆翻炒,加入精盐、老抽、蚝油、鸡精、胡椒粉炒匀即可食用。

## 十七、豆沙煎饺

【原料】面粉900g,红豆沙600g,植物油、柠檬皮各适量。

【制作】

1.将柠檬皮洗净剁成碎末,同红豆沙一起搅拌均匀成馅料备用。

2.将面粉加温水拌匀和好,放入盆内,盖上湿布饧30min,当面团饧好后,取出,搓成长条,切成圆剂,撒上干面粉,擀成饺子皮,包入适量红豆沙馅,再盖上一张水饺皮,四周捏花边,中间压平,即成豆沙饺生坯。

3.平锅注油烧热,放入豆沙饺,煎至两面金黄色即可食用。

## 十八、金银饺

【原料】鸡蛋250g,猪瘦肉900g,猪肥膘肉150g,植物油、精盐、淀粉、味精、葱姜末各适量。

【制作】

1.将蛋清、蛋黄分别磕入碗内,分别加入淀粉、精盐打散搅匀成糊;猪瘦肉剁成末,加入植物油、精盐、葱姜末、味精搅拌均匀成馅料备用。

2.炒勺在火上烧热,用猪肥膘肉在炒勺内擦一下,倒入适量蛋黄糊,推匀成若干个小圆蛋黄皮,包入适量肉馅,包成蛋黄饺;用同样方法制作蛋清饺。

3.将两色蛋饺上锅蒸熟即可食用。

## 十九、年糕饺

【原料】年糕1500g,饺子皮若干,植物油适量。

【制作】

1.将年糕切成小丁备用。

2.将饺子皮内包入年糕丁,对折捏紧成月牙形饺子,再捏出花纹做成年糕饺生坯。

3.炒锅注油烧至六成热,下入年糕饺,炸至外皮金黄色,捞出控油即可食用。

## 二十、蛋饼煎饺

【原料】鸡蛋1500g,猪肉末750g,植物油、香油、精盐、葱姜末各适量。

【制作】

1.将猪肉末加入香油、精盐、葱姜末搅拌均匀成黏稠馅料备用。

2.将鸡蛋磕入碗内,加入精盐打散。

3.炒锅注油烧至六成热,用小勺将蛋液逐次倒入锅内煎成蛋饼,中间放入馅料,再将蛋饼一边折好成饺子形,待蛋饺两面均煎至金黄色即可食用。

## 二十一、蛋饼炸饺

【原料】猪肉450g,猪肉皮3小块,鸡蛋15个,植物油、香油、葱姜末、精盐、味精、料酒、水淀粉各适量。

【制作】

1.将猪肉切成小丁,加入葱姜末、味精、精盐、料酒、香油、鸡蛋液(1个)搅拌均匀成馅料备用。

2.将余下鸡蛋磕入碗内,加入少许精盐、水淀粉打散。

3.将手勺在火上烧热,用猪肉皮擦一下,淋入少许鸡蛋液,旋转手勺,摊成若干小圆蛋饼。

4.将蛋饼填入适量馅料,对折成饺子形。

5.炒锅注油烧至五成热,放入蛋饺,用中火将饺子炸至外酥馅熟,捞出即可食用。

## 二十二、蛋饼蒸饺

【原料】鸡蛋 1500g,鲇鱼肉 900g,五花肉 300g,鸡蛋 6 个,香油、葱姜末、精盐、料酒、水淀粉、味精、香菜叶、红辣椒丝、高汤各适量。

【制作】

1.将鲇鱼肉、五花肉均剁成蓉,加入葱姜末、精盐、料酒、香油搅拌均匀成馅料备用。

2.将鸡蛋磕入碗内,加入精盐打散;将炒勺在火上烧热,用猪肉皮擦一下,淋入少许鸡蛋液,旋转炒勺,摊成若干小圆蛋饼。

3.将蛋饼填入适量馅料,对折成饺子形,码在盘内,上锅蒸 10min 取出。

4.炒锅倒入高汤烧开,加入精盐、味精,用水淀粉勾薄芡,撒入香菜叶、红辣椒丝,淋入香油,浇在蛋饺上即可食用。

## 二十三、荷包饺

【原料】鸡蛋 30 个,鸡蛋清 6 个,鸡胸肉 150g,五花肉 75 g,海米末、火腿末、蒜苗段、水发玉兰片末、水发木耳末、青菜心、植物油、精盐、料酒、胡椒粉、清汤各适量。

【制作】

1.锅内添水烧开,将 30 个鸡蛋轻轻磕入,不要搅动,待鸡蛋清凝固,用手勺轻轻把鸡蛋拨开,煮至鸡蛋熟透,捞出晾凉备用。

2.将鸡胸肉、五花肉均剁成蓉,加入鸡蛋清、水、精盐、海米末、火腿末、玉兰片末、木耳末搅拌均匀成馅料。

3.将一根细线用水蘸湿,将荷包蛋横腰拉开成两半,取出蛋黄不用,填入适量馅料制成荷包饺生坯。

4.将荷包饺生坯上锅蒸 5 min 取出,扣入汤盆内。

5.炒锅倒入清汤烧开,加入精盐、胡椒粉、料酒,放入蒜苗段、青菜心煮熟,浇入汤盆内即可食用。

## 二十四、熘鸽蛋饺

【原料】鸽蛋1500g,冬笋、水发香菇、番茄、青菜心各150g,植物油、酱油、味精、白糖、葱姜末、水淀粉、鲜汤各适量。

【制作】

1.将鸽蛋分别磕入抹油的小碟内,上锅中火蒸至凝固,取出晾凉,切两半成半月形(形似水饺),逐个滚匀淀粉;冬笋、香菇分别洗净,均切成小薄片;番茄用开水略烫,去皮、籽切成小瓣;菜心择洗干净切成段。

2.炒锅注油烧至七成热,下入鸽蛋饺,炸至金黄色,捞出控油;原锅留底油烧至七成热,下入葱姜末炝锅,放入冬笋片、香菇片、番茄瓣、菜心段煸炒,加入酱油、精盐、白糖、鲜汤烧开,用水淀粉勾芡,再放入鸽蛋饺翻匀即可食用。

## 二十五、面筋饺

【原料】油面筋1500g,猪肉末、青菜各900g,咸蛋黄、虾仁、熟松子仁、植物油、精盐、味精、料酒、葱姜末、淀粉、高汤各适量。

【制作】

1.将虾仁切成碎粒;咸蛋黄压成泥;青菜择洗干净,下入开水锅内焯一下,捞出过凉,挤干水分剁成末。

2.将猪肉末、虾仁、咸蛋黄、青菜加入植物油、精盐、味精、料酒、淀粉、葱姜末搅拌均匀成馅料备用。

3.将每只面筋切开成两半,用开水烫软晾凉,填入馅料,码入碗内,淋入高汤,上锅蒸熟即可食用。

## 二十六、豆腐饺(1)

【原料】豆腐1500g,猪肉末900g,香菇、冬笋各150g,植物油、精盐、酱油、淀粉、葱末、鸡汤各适量。

【制作】

1.将香菇、冬笋分别洗净切碎丁,同猪肉末混合,加入淀粉、精盐、植物油、葱末搅拌均匀成馅料备用。

2.将豆腐切成厚方块,再逐个对角切成三角块,用薄刀在一角厚度的一半处割开口,填入馅料,码在盘内,淋入鸡汤,上锅蒸熟,取出扣在盘内,淋入香油,撒上葱末即可食用。

## 二十七、豆腐饺(2)

【原料】豆腐1500g,猪肉末900g,鸡蛋3个,植物油、葱姜末、菠菜汁、玉米粒、高汤、精盐、酱油、水淀粉、胡椒粉各适量。

【制作】

1.将豆腐切成正方形薄片。

2.将猪肉末加入葱姜末、植物油、精盐、酱油、胡椒粉搅拌均匀成馅料备用。

3.将豆腐薄片填入适量馅料,对折成饺子形,码入抹油的盘内,上锅蒸10 min取出。

4.炒锅倒入高汤,加菠菜汁烧开,放入玉米粒煮片刻,用水淀粉勾芡,淋入豆腐饺盘内即可食用。

## 二十八、土豆饺

【原料】土豆900g,面粉150g,牛肉末、猪肉末、豆腐、黄豆芽、辣白菜各150g,植物油、葱蒜末、酱油、精盐、味精、胡椒粉各适量。

【制作】

1.将牛肉末、猪肉末混合,加入葱蒜末、酱油、精盐、味精、胡椒粉搅拌均匀,下入热油锅内略炒;黄豆芽洗净,用开水烫一下,挤干水分切细丝;辣白菜切成丝;豆腐挤干水压碎。

2.将炒熟的牛肉末、猪肉末加入黄豆芽丝、辣白菜丝、豆腐搅拌均匀成馅料备用。

3.将土豆洗净,上锅蒸熟,晾凉去皮压成泥,放入面粉、水搅拌均匀和好,切成圆剂,擀成皮,填入馅料,对折捏紧成月牙形饺子生坯。

4. 锅内添水烧开,下入饺子搅动,以防粘锅,待水烧开后淋入少许清水,煮至饺子浮起熟透,捞出盛入盘内即可食用。

## 二十九、薯面萝卜饺

【原料】红薯粉1500g,白萝卜1500g,猪肉、鱼肉各450g,葱末150g,植物油、姜末、精盐、酱油、味精、料酒、水淀粉、辣椒粉各适量。

【制作】

1. 将白萝卜去皮洗净擦成丝,再剁成碎末,下入热油锅内,加入酱油、精盐、味精、葱末煸炒,用水淀粉勾芡;鱼肉、猪肉分别切成小薄片,加入料酒、姜末、酱油、精盐、味精拌匀腌片刻;辣椒粉加入酱油调匀成味汁。

2. 将红薯粉加入开水、油搅拌均匀和好,搓成长条,切成圆剂,用刀拍压成皮,放上白萝卜馅料、1片鱼肉、1片猪肉,对折捏紧成饺子,码在铺好湿屉布的蒸笼中,上锅用旺火蒸15 min,即可蘸味汁食用。

## 三十、炸白菜盒

【原料】白菜1500g,猪肉600 g,鸡蛋清9个,植物油、精盐、香油、味精、葱姜末、料酒、淀粉、面粉、花椒盐各适量。

【制作】

1. 将猪肉剁成末,加入葱姜末、料酒、精盐、1/3鸡蛋清、味精、香油、水搅拌均匀成馅料备用。

2. 将白菜去根、老帮及叶,留嫩帮洗净,切成长方形片,再片成合页形,片内抹少许面粉,填入适量馅料,制成白菜盒生坯;余下鸡蛋清打成稠厚泡沫状,加入淀粉拌匀成为蛋泡糊。

3. 炒锅注油烧至六成热,将白菜盒蘸匀蛋泡糊,逐个下入锅内,炸至菜盒硬挺呈黄色时捞出,待油温升至八成热时,再下入白菜盒,复炸1 min至金黄色,捞出控油装盘,撒上花椒盐即可食用。

### 三十一、烤奶酪水饺皮

【原料】水饺皮若干,植物油、奶酪片、葡萄干各适量。

【制作】

1.将奶酪片切成丝,其中一半再切成碎末备用。

2.将水饺皮平铺在抹油的烤盘上,撒上葡萄干、奶酪丝备用。

3.将烤盘放入烤箱,用 180℃ 烤 10min,取出撒上奶酪末即可食用。

### 三十二、鲜虾饺

【原料】澄面 900g,草虾仁 1200g,猪肥肉 450g,竹笋 600g,生粉 150g,植物油、香油、精盐、味精、糖、胡椒粉各适量。

【制作】

1.将草虾仁挑出泥肠洗净,控干水分;猪肥肉切成小丁,氽烫后过冷水降温,再沥干水分;竹笋切丝,氽烫过后抓干水分备用。

2.取一小盆,放入做好的虾仁和精盐,一起摔打搅拌至虾仁有黏性后便加入味精、糖搅拌均匀。

3.将做好的肥肉丁、笋丝、生粉、胡椒粉、香油加入上面的小盆内充分拌匀即成馅料。

4.将澄面、生粉、适量的精盐混合,并将沸水以一边冲一边拌的方式倒入拌匀后,倒至桌上用手揉匀作为外皮面团。

5.将和好的面团,切成圆剂,擀成皮,包入馅料,对折捏紧成月牙形饺子生坯。

6.将做好的饺子依序放入蒸笼中,以大火蒸 5min 即可食用。

### 三十三、水果五仁烤饺

【原料】面粉 1500g,五仁馅料 1200g,水果肉(罐装)300g,植物油适量。

【制作】

1.将水果肉切小丁,放入五仁馅料内搅拌均匀成水果五仁馅料备用。

2.将一半的面粉加入植物油搅拌均匀,揉成干油酥面;剩余面粉加入植物油、温水搅拌均匀,揉成水油面。

3.将干油酥面包入水油面内揉匀,擀成片,卷成筒,切成圆剂,撒上干面粉,擀成饺子皮,填入适量馅料,对折捏紧成月牙形饺子生坯。

4.将饺子码在刷油的烤盘内,放入烤箱,用180～200℃温度烤至熟透即可食用。

# 参考文献

[1]张振华.中国文化全知道[M].北京:中国工人出版社,2010.

[2]张瑞文.家常主食面点一本全[M].汕头:汕头大学出版社,2009.

[3]李湘庭.实用蛋糕点心一本全[M].汕头:汕头大学出版社,2009.

[4]秋男.百味饺子[M].北京:农村读物出版社,2006.

[5]宋家臻.生产速冻水饺的工艺要求[J].肉类研究,1996,4:29.

[6]赵琳,兰静,戴常军等.饺子品质评价方法[J].粮食工程,2007,15(2):12-14.

[7]张剑,李梦琴,任红涛等.小麦品质性状影响速冻饺子品质的通径分析[J].河南工业大学学报,2006,27(6):47-50.

[8]朱俊晨,翟迪升.速冻饺子品质改良工艺的研究[J].食品科学,2004,25(3):208-210.